# HYPERSOLIDS & QUASI-HYPERSOLIDS



BEING THE SIXTH PART
OF SEVERAL COMPRISING
THE COMPLETE? POLYHEDRA
BY PATRICK TAYLOR

HYPERSOLIDS & QUASIHYPERSOLIDS

First published 2006 by

Nattygrafix
277 Cavendish Street
Ipswich
Suffolk
IP3 8BQ

e-mail: polystar@ntlworld.com

(01473) 434604

Made in England



ISBN 0 9516701 7 4

NATTYGRAFIX IPSWICH

CONTENTS

INTRODUCTION 5
A FOURTH DIMENSION 6
SIMPLEX POLYTOPES 6
MEASURE POLYTOPES & DUALITY 7
INVERSE POLYTOPES 8
THREE MORE HYPERSOLIDS 9
REGULAR HYPERSOLIDS 10
'TRUNCATED' HYPERSOLIDS 12
QUASI-REGULAR HYPERSOLIDS 14
MORE TRUNCATED HYPERSOLIDS 16
RHOMBITRUNCATED HYPERSOLIDS 18
EVEN FACED HYPERSOLIDS 20
SERIES OF HYPERSOLIDS 22
AN ODD HYPERSOLID 24
TRUNCATED PRISM HYPERSOLIDS 24
RHOMBIPRISM HYPERSOLIDS 26
MORE ODD HYPERSOLIDS 28
REGULAR STAR HYPERSOLIDS 30
TRUNCATED STAR HYPERSOLIDS 32
QUASI-REG STAR HYPERSOLIDS 34
TRUNCATED QUASI-REGULAR STAR HYPERSOLIDS 36
RHOMBITRUNCATED STAR HYPERSOLIDS 38
EVEN FACED STAR HYPERSOLIDS 40
SERIES OF STAR HYPERSOLIDS 41
ODD STAR HYPERSOLIDS 44
THIRD ODD STAR HYPERSOLIDS 45
RHOMBIPRISM STAR HYPERSOLIDS 46
QUASITRUNCATED HYPERSOLIDS 48
EVEN FACED QUASITRUNCATIONS 49
SECOND SERIES QUASITRUNCATIONS 51
QUASIRHOMBI HYPERSOLIDS 51
ODD QUASITRUNCATIONS 52
QUASITRUNCATED ODD HYPERSOLIDS 54
QUASIRHOMBIPRISM HYPERSOLIDS 54
MORE QUASITRUNCATED ODDS 56
QUASITRUNCATED STAR HYPERSOLIDS 56
EVEN FACED STAR QUASITRUNCATIONS 58
SECOND SERIES STAR QUASITRUNCATIONS 58
QUASIRHOMBI STAR HYPERSOLIDS 61
ODD STAR QUASITRUNCATIONS 62
QUASIRHOMBIPRISM STAR HYPERSOLIDS 65
MORE QUASITRUNCATED ODDS 68
INSCRIPTION AND STELLATION 69
MULTIPLE VERTICES 69
THIRD TRUNCATIONS 70
SECOND SERIES DOUBLES 70
MORE MULTIPLE VERTICES 71
MULTIPLE VERTEX ODDS 72
MULTIPLE VERTEX FIRST ODDS 73
'TWO DOUBLES' FIRST ODDS 74
'THREE DOUBLES' FIRST ODDS 75
TOWARDS A FINAL VERTEX? 76
IS THIS THE END? 77
HYPERBLOT: A DIVERSION 77
BIBLIOGRAPHY 79

ILLUSTRATIONS


| Figure | | Page |
|---|---|---|
| 1* | Tetrahedron and Hypertetrahedron | 6 |
| 2* | Cube and Hypercube | 7 |
| 3* | Octahedron & Octahypertetrahedron | 8 |
| 4* | Three More Hypersolids | 9 |
| 5* | Regular Hypersolids | 11 |
| 6* | Truncated Hypersolids | 13 |
| 7* | Quasi-Regular Hypersolids | 15 |
| 8* | Truncated Quasi-Regulars | 17 |
| 9* | Rhombitruncated Hypersolids | 19 |
| 10 | Dual Hypersolids | 20 |
| 11* | Even Faced Hypersolids | 21 |
| 12* | Odd Hypersolid | 24 |
| 13* | First Odd Hypersolids | 25 |
| 14* | Rhombiprism Hypersolids | 27 |
| 15* | More Odd Hypersolids | 29 |
| 16* | Regular Star Hypersolids | 30 |
| 17* | More Regular Star Hypersolids | 31 |
| 18* | Truncated Star Hypersolids | 32 |
| 19* | More Truncated Star Hypersolids | 33 |
| 20* | Quasi-Regular Star Hypersolids | 34 |
| 21* | Quasi-Regular Star Hypersolids | 35 |
| 22* | Truncated Star Quasi-Regulars | 36 |
| 23* | Truncated Star Quasi-Regulars | 37 |
| 24* | Rhombitruncated Star Hypersolids | 38 |
| 25* | Rhombitruncated Star Hypersolids | 39 |
| 26* | Even Faced Star Hypersolids | 40 |
| 27* | Odd Star Hypersolids | 44 |
| 28* | More Odd Star Hypersolids | 45 |
| 29* | Rhombiprism Star Hypersolids | 46 |
| 30* | Rhombiprism Star Hypersolids | 47 |
| 31 | Quasitruncated Hypersolids | 48 |
| 32 | Even Faced Quasitruncations | 49 |
| 33 | Second Series Quasitruncations | 49 |
| 34 | Second Series Quasitruncations | 50 |
| 35 | Quasi-Regular Quasitruncation | 51 |
| 36 | Quasirhombitruncated Hypersolids | 51 |
| 37 | Quasitruncated Odd Hypersolids | 52 |
| 38 | Quasitruncated Odd Hypersolids | 53 |
| 39 | Quasirhombiprism Hypersolids | 54 |
| 40 | Quasirhombiprism Hypersolids | 55 |
| 41 | Quasitruncated Third Odds | 56 |
| 42 | Quasitruncated Star Hypersolids | 56 |
| 43 | Even Faced Star Quasitruncations | 57 |
| 44 | 2nd Series Star Quasitruncations | 59 |
| 45 | 2nd Series Star Quasitruncations | 60 |
| 46 | Quasirhombitruncated Stars | 61 |
| 47 | Quasitruncated Odd Stars | 62 |
| 48 | Quasitruncated Odd Stars | 63 |
| 49 | Quasitruncated Odd Stars | 64 |
| 50 | Quasitruncated Odd Stars | 65 |
| 51 | Quasirhombiprism Stars | 65 |
| 52 | Quasirhombiprism Stars | 66 |
| 53 | Quasirhombiprism Stars | 67 |
| 54 | Quasitruncated Third Odd Stars | 68 |
| 55 | Inscriptions, Stellations and Duals | 69 |
| 56 | Six Asymmetrical Vertex Figures | 75 |
| 57 | Four Larger Vertex Figures | 76 |
| 58 | The Mandelbrot Set as Section | 78 |


Figures * are supported by Tables nos. 1-32

for Neil Greig, gentleman planner (1950-2005)
He understood, not necessarily what, but why

"Heavily weighs on me at times the burdensome reflection that I cannot honestly say I am confident as to the exact shape of the once-seen, oft-regretted Cube"

Edwin A Abbott *Flatland* 1884

# INTRODUCTION

The geometric shapes explored in this sixth volume of '*The Complete? Polyhedra*' are those formed by assembling polyhedra, themselves assemblies of polygons, into higher ordered forms in higher dimensions.

We have already seen in '*Closepacks & Quasi-Closepacks*' assemblies that fill three dimensions and shadow at a higher level the two dimensional tilings seen in the second volume of the series '*Incomplete Tilings*'. We will now examine the hypersolids, four dimensional equivalents of the three dimensional polyhedra, seen in the third and fourth volumes of this series, '*The Simpler? Polyhedra*' and '*The Star & Cross Polyhedra*'.

In terms of illustration, the hypersolids present us with something of a challenge, as even in three dimensions they can only be represented as sections or projections. Our illustrations, as two dimensional representations of three dimensional projections are consequently limited in what they can convey of the complex beauty of these configurations.

Such projections will hopefully suffice for the simpler hypersolids, whilst the more complex {5,3,3}-{3,3,5} family cannot be done justice at this scale. However since these latter do approximate to closepacks locally, with very little folding up into the fourth dimension, they will better be illustrated by a vertex cluster.

As with the closepacks, there is no comprehensive naming system in place for the hypersolids, so once again I have endeavoured to invent one, maintaining the few existing names and filling in the gaps with hopefully sensible suggestions that capture the essence of each assembly in turn.

## A FOURTH DIMENSION

We now come to examine the hypersolids, aggregates of polyhedra forming higher dimensional figures, the logical extension of our journey so far from one dimensional lines to two dimensional polygons to three dimensional polyhedra. Our three dimensional world does not seem to have room for a further direction at right angles to the three known directions. Any four dimensional world thus has to be in our heads, the product of our imaginations, but perhaps no more so than were the polygons.

The perfect mathematical polygon is an abstract notion and has no third dimension, no thickness, and yet we have no problem dealing with the concept. Fortunately we have the analogy of getting from two to three dimensions to help us visualise getting from three to four.

## SIMPLEX POLYTOPES

In one dimension two points close off a line segment, the only one dimensional figure. A third point off the line determines a second dimension and creates a triangle with three edges, the simplest polygon, closing off a section of two dimensional space. A fourth point out of the plane determines a third dimension and creates a tetrahedron with four triangle faces, the simplest polyhedron, closing off a section of three dimensions. The next logical step is a fifth point somewhere outside of our three dimensions, determining a fourth dimension and creating a hypertetrahedron consisting of five tetrahedra, closing off a section of four dimensional space!

Now, had we imagined a triangle and from a point at its centre drawn in three new edges, one to each vertex, we would have a plan view of a tetrahedron, which might be considered as an outside triangle with three inside triangles distorted by projection into two dimensions as shown in Figure 1.

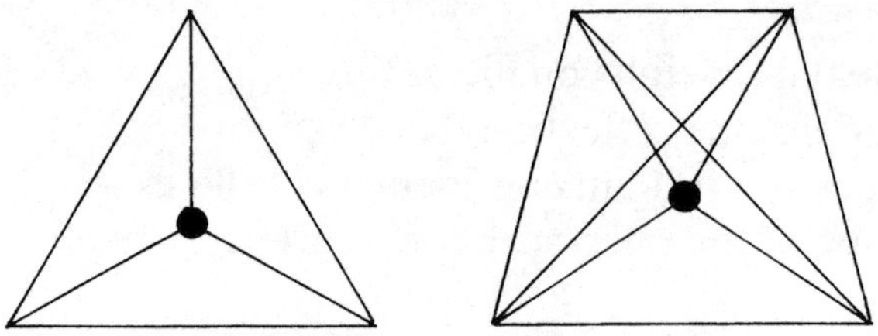

Fig. 1: Tetrahedron and Hypertetrahedron

The hypertetrahedron can be visualised in a similar way by placing a fifth point at the centre of a tetrahedron. The tetrahedron thus becomes the outside tetrahedron, and has four inside tetrahedra distorted by their projection into three dimensions.

These form an infinite series of figures known as the Simplex Polytopes ($\alpha_n$), with general Schläfli symbol $\{3^{n-1}\}$, their numerical properties being summarised in Table 1 below.

| Diagram | V | E | F | S | H | X |
|---|---|---|---|---|---|---|
|  ($\alpha_1$) | 2 | 1 | | | | |
| 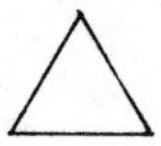 ($\alpha_2$) | 3 | 3 | 1 | | | |
|  ($\alpha_3$) | 4 | 6 | 4 | 1 | | |
| 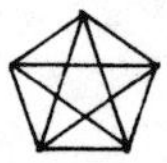 ($\alpha_4$) | 5 | 10 | 10 | 5 | 1 | |
| 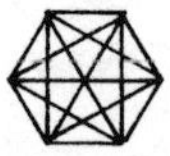 ($\alpha_5$) | 6 | 15 | 20 | 15 | 6 | 1 |

Table 1: Simplex Polytopes ($\alpha_n$) = $\{3^{n-1}\}$

## MEASURE POLYTOPES

To obtain another series we again start with a line segment with two vertices and then slide it in a second dimension perpendicular to itself to obtain a square with four edges.

Moving this perpendicular to itself into a third dimension delineates a cube with six faces. This in turn if moved perpendicular to itself into a fourth dimension gives us a hypercube consisting of eight cubes.

We can also visualise this in an 'inside-out' way as we did the hypertetrahedron, by considering projections: a cube can be drawn in two dimensions as two concentric squares, their vertices joined radially giving an inner and outer square with four distorted squares joining them together.

Thus a hypercube can be thought of as two concentric cubes, their vertices joined radially giving an inner and outer cube, with six distorted (truncated pyramid) cubes joining them together as shown in Figure 2 adjoining.

| Diagram | V | E | F | S | H | X |
|---|---|---|---|---|---|---|
|  ($\gamma_1$) | 2 | 1 | | | | |
|  ($\gamma_2$) | 4 | 4 | 1 | | | |
| 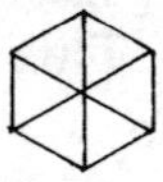 ($\gamma_3$) | 8 | 12 | 6 | 1 | | |
| 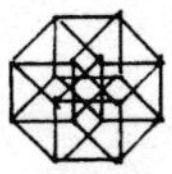 ($\gamma_4$) | 16 | 32 | 24 | 8 | 1 | |
|  ($\gamma_5$) | 32 | 80 | 80 | 40 | 10 | 1 |

Table 2: Measure Polytopes ($\gamma_n$) = $\{4,3^{n-2}\}$

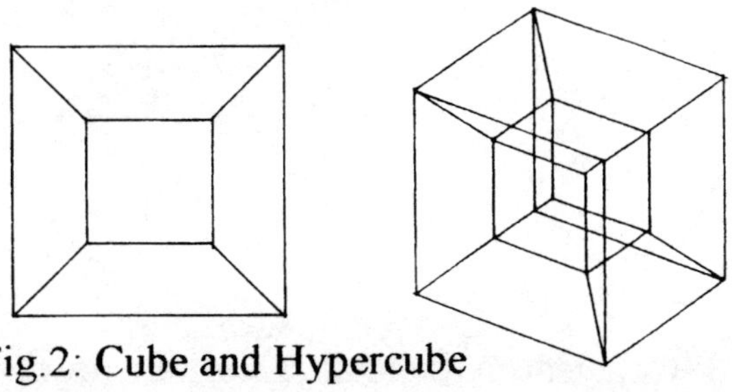

Fig.2: Cube and Hypercube

We thus have a second infinite series of figures known as the Measure Polytopes ($\gamma_n$), which have the general Schläfli symbol $\{4,3^{n-2}\}$, their numerical properties being summarised in Table 2 below.

## DUALITY

The Schläfli symbol for the simplex hypersolid, the hypertetrahedron, is {3,3,3}, consisting of the {3,3} symbol of its constituent tetrahedra, 3 of which are arranged around each edge. Similarly the Schläfli symbol for the measure hypersolid, the hypercube, is {4,3,3}, consisting of the {4,3} symbol of its constituent cubes, 3 of which can be seen to be arranged around each edge. In general we will find that {x,y,z} consists of z {x,y} polyhedra arranged around each edge, its vertex figure is a {y,z} with {x} polygons for edges, and it will have a dual {z,y,x}.

Rather than the vertex-edge duality seen in polygons, or the vertex-face duality of the polyhedra, we find here as we did with the closepacks, vertex-solid duality. The centres of the solids of one hypersolid are the vertices of another set of solids forming the inverse hypersolid. When this is done there is also a one-one correspondence between the edges of one and the faces of the other of a dual pair.

## INVERSE POLYTOPES

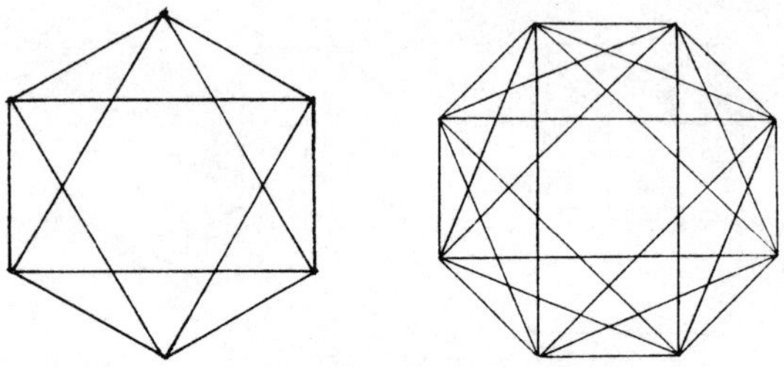

Fig.3: Octahedron & Octahypertetrahedron

The hypertetrahedron {3,3,3} is thus a self-dual such that the centres of each of its five solids (tetrahedra) are themselves the vertices of another hypertetrahedron.

The hypercube {4,3,3} should thus have an inverse {3,3,4}, consisting of sixteen tetrahedra arranged with four around each edge. It has an octahedral vertex figure and we will call it the octahypertetrahedron.

Whilst the Simplex Polytopes are self-dual, the Measure Polytopes in general have duals of the form $\{3^{n-2},4\}$, forming a third series of Inverse Polytopes ($\beta_n$), as summarised in Table 3 below.

| Diagram | V | E | F | S | H | X |
|---|---|---|---|---|---|---|
|  ($\beta_1$) | 2 | 1 | | | | |
|  ($\beta_2$) | 4 | 4 | 1 | | | |
| 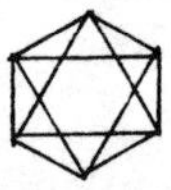 ($\beta_3$) | 6 | 12 | 8 | 1 | | |
| 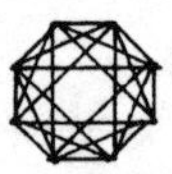 ($\beta_4$) | 8 | 24 | 32 | 16 | 1 | |
| 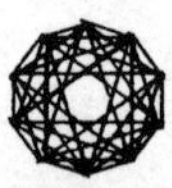 ($\beta_5$) | 10 | 40 | 80 | 80 | 32 | 1 |

Table 3: Inverse Polytopes ($\beta_n$) = $\{3^{n-2},4\}$

## THREE MORE HYPERSOLIDS

Another approach to the hypercube is from the analogy of producing a cube by taking a square tiling {4,4} and missing out a face at each vertex causing the plane to fold up and close on itself giving us {4,3}. A cubic closepack {4,3,4} can similarly have a cube missed out from around each edge, causing its three dimensions to fold up and close in a fourth giving us a hypercube {4,3,3}, with three cubes around every edge, a total angle of 270°.

This is the same in principle as when we looked at the regular polyhedra resulting from having total face angles less than 360° around each vertex, with at least three faces needed to produce a solid. We might now well ask how many regular hypersolids might there be? We have already seen that we can assemble three tetrahedra around an edge to produce the hypertetrahedron {3,3,3}, whilst three cubes produces a hypercube {4,3,3}. We have also seen the latter's inverse, the octahypertetrahedron {3,3,4} with four tetrahedra around each edge.

We can however also assemble three octahedra around an edge to give us a hyperoctahedron {3,4,3}, another self dual. In addition three dodecahedra gives us the hyperdodecahedron {5,3,3} and we can even manage five tetrahedra around an edge with less than 360° total angle leaving room to 'fold' them up into four dimensions. This last produces the icosahypertetrahedron {3,3,5}, dual of the hyperdodecahedron with an icosahedral vertex figure. Only the icosahedron has a dihedral angle greater than 120° precluding there being three such solids around any edge. Without any interpenetration there is thus not a hypericosahedron, so that the total therefore seems to be six possible hypersolids.

| | Solids | S/E | Vertex | E/V | F/V | S/V |
|---|---|---|---|---|---|---|
| {3,3,3} | {3,3} | 3 | {3,3} | 4 | 6 | 4 |
| {4,3,3} | {4,3} | 3 | {3,3} | 4 | 6 | 4 |
| {3,3,4} | {3,3} | 4 | {3,4} | 6 | 12 | 8 |
| {3,4,3} | {3,4} | 3 | {4,3} | 8 | 12 | 6 |
| {5,3,3} | {5,3} | 3 | {3,3} | 4 | 6 | 4 |
| {3,3,5} | {3,3} | 5 | {3,5} | 12 | 30 | 20 |

Table 4: Regular Hypersolids

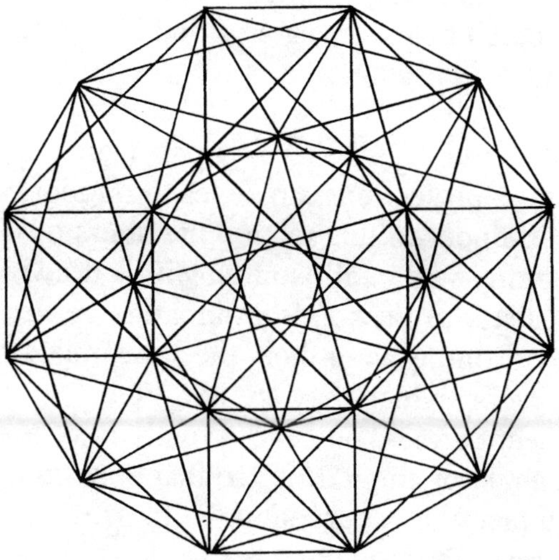

{3,4,3}

24-cell
Hyperoctahedron

{5,3,3}

120-cell
Hyperdodecahedron

{3,3,5}

600-cell
Icosahypertetrahedron

Fig.4: Three More Hypersolids

REGULAR HYPERSOLIDS

All six regular hypersolids are described in more detail below in Table 5 and illustrated adjoining in Figure 5.

Overleaf the {5,3,3}-{3,3,5} pair were shown as projections, however throughout the remainder of this section members of this family will be illustrated with a drawing of a cluster of the solids around one vertex, edge or solid, giving them the appearance of closepacks, which they are not. Five tetrahedra around an edge actually have a total angle of about 352°, so that this family are in fact gently curved in the fourth dimension, but too complex to show in their full glory at the scale of this publication.

| Solids | V | E | F | S |
|---|---|---|---|---|
| tetra<br>{3,3,3}<br>Hypertetrahedron (5-cell) | 5 | 10 | 10 △ | 5 |
| cube<br>{4,3,3}<br>Hypercube (8-cell) | 16 | 32 | 24 □ | 8 |
| tetra<br>{3,3,4}<br>Octahypertetrahedron (16-cell) | 8 | 24 | 32 △ | 16 |
| octa<br>{3,4,3}<br>Hyperoctahedron (24-cell) | 24 | 96 | 96 △ | 24 |
| dodeca<br>{5,3,3}<br>Hyperdodecahedron (120-cell) | 600 | 1200 | 720 ⬠ | 120 |
| tetra<br>{3,3,5}<br>Icosahypertetrahedron (600-cell) | 120 | 720 | 1200 △ | 600 |

Table 5: Regular Hypersolids

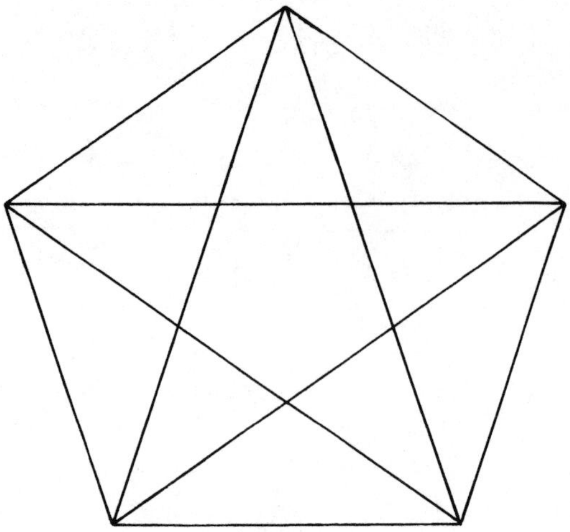

{3,3,3}

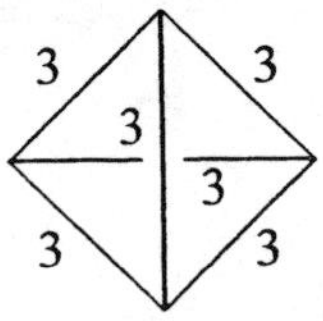


5-cell
Hypertetrahedron

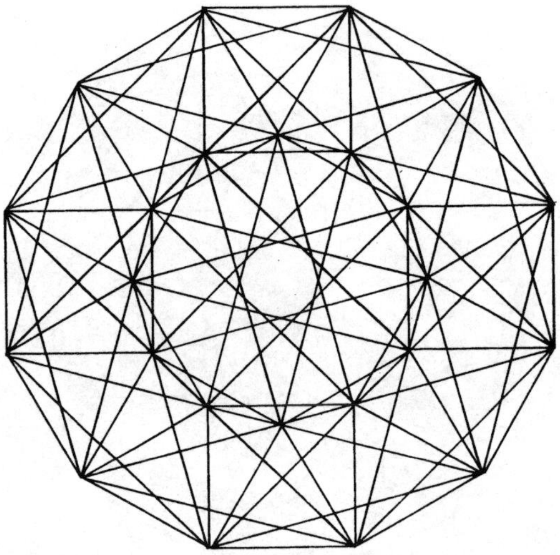

{3,4,3}

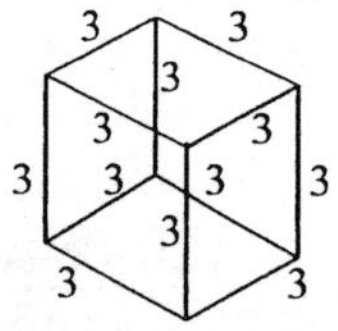


24-cell
Hyperoctahedron

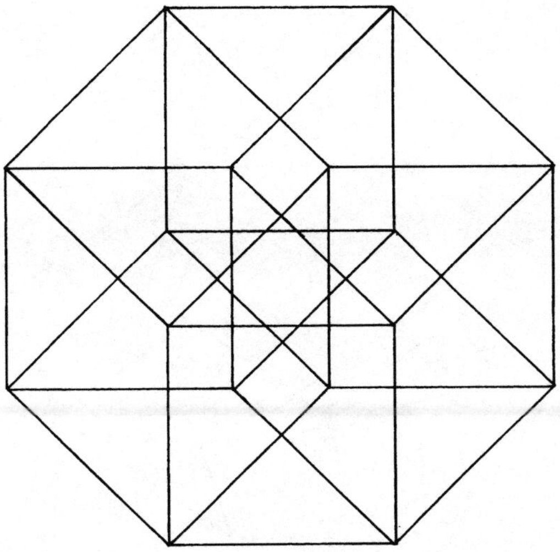

{4,3,3}

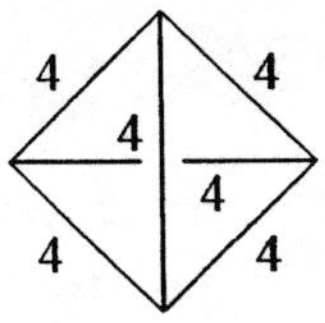


8-cell
Hypercube

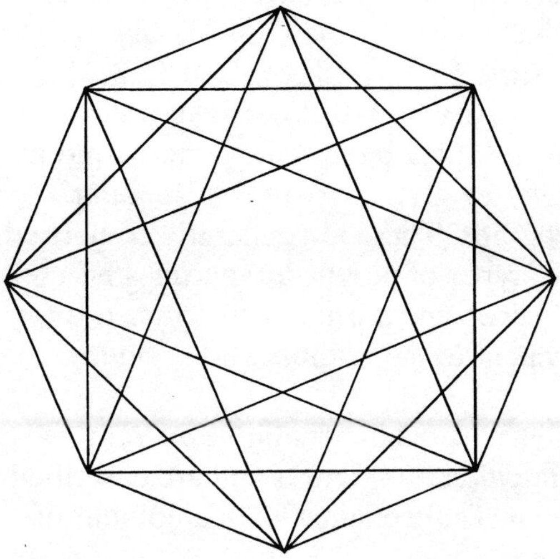

{3,3,4}

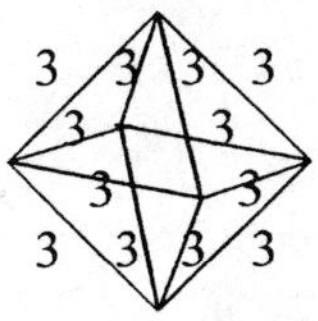


16-cell
Octahypertetrahedron

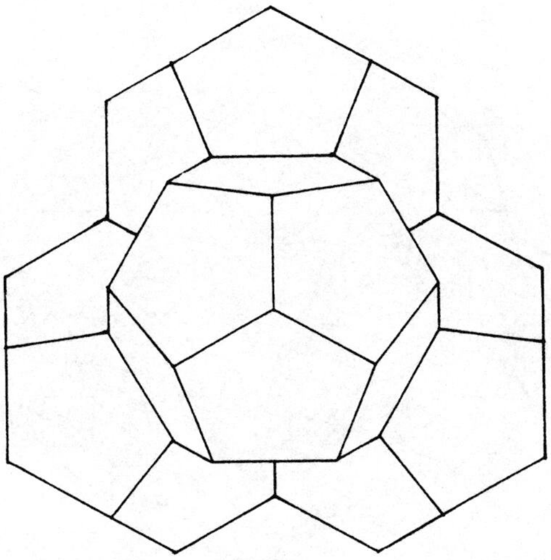

{5,3,3}

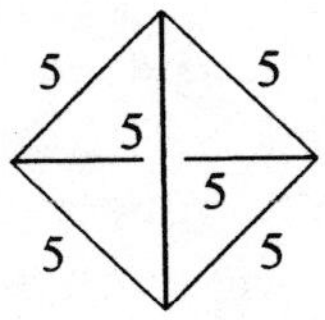


120-cell
Hyperdodecahedron

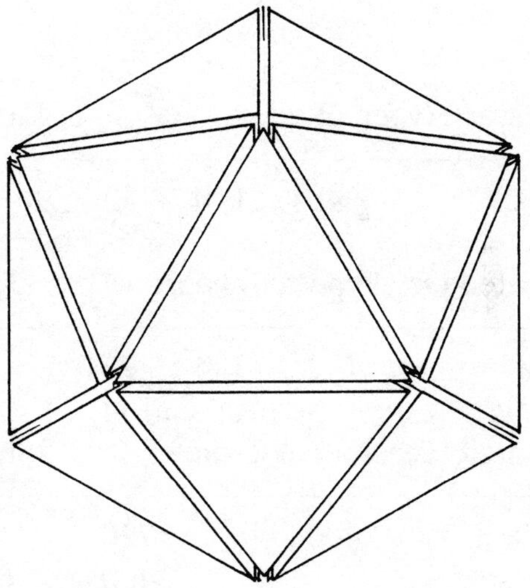

{3,3,5}

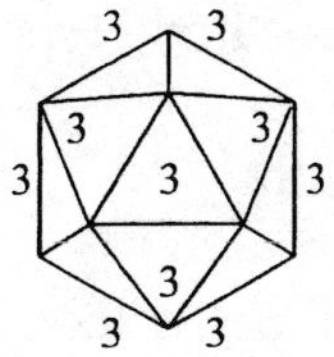


600-cell
Icosahypertetrahedron

Fig.5: Regular Hypersolids

## ‘TRUNCATED’ HYPERSOLIDS

The six regular hypersolids split up into two self-duals, {3,3,3} and {3,4,3}, and two dual pairs, {4,3,3}-{3,3,4} and {5,3,3}-{3,3,5}. As with the closepacks we can ‘truncate’ these by growing a new solid at each vertex giving rise to semi-regular hypersolids. These are generally composed of two types of polyhedra, a truncated polyhedron and a truncating polyhedron, equivalent to the original vertex figure.

These truncated hypersolids generally have pyramidal vertex figures and are described below in Table 6 and shown adjoining in Figure 6.

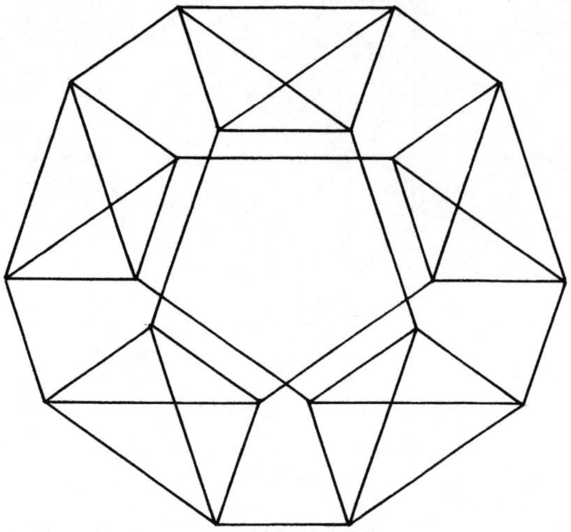

t{3,3,3}

Truncated Hypertetrahedron

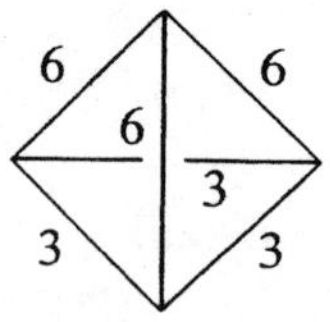


| Solids | V | E | F | | S |
|---|---|---|---|---|---|
| tr tetra | 20 | 40 | 10 | ⬡ | 5 |
| tetra | | | 20 | △ | 5 |
| Truncated Hypertetrahedron | | | | | t{3,3,3} |
| tr cube | 64 | 128 | 24 | ○ | 8 |
| tetra | | | 64 | △ | 16 |
| Truncated Hypercube | | | | | t{4,3,3} |
| tr tetra | 48 | 120 | 32 | ⬡ | 16 |
| octa | | | 64 | △ | 8 |
| Truncated Octahypertetrahedron | | | | | t{3,3,4} |
| tr octa | 192 | 384 | 96 | ⬡ | 24 |
| cube | | | 144 | □ | 24 |
| Truncated Hyperoctahedron | | | | | t{3,4,3} |
| tr dodeca | 2400 | 4800 | 720 | ○ | 120 |
| tetra | | | 2400 | △ | 600 |
| Truncated Hyperdodecahedron | | | | | t{5,3,3} |
| tr tetra | 1440 | 4320 | 1200 | ⬡ | 600 |
| icosa | | | 2400 | △ | 120 |
| Truncated Icosahypertetrahedron | | | | | t{3,3,5} |

Table 6: Truncated Hypersolids

t{3,4,3}

Truncated Hyperoctahedron

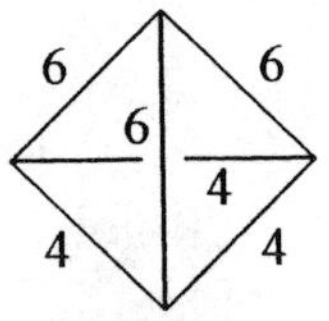

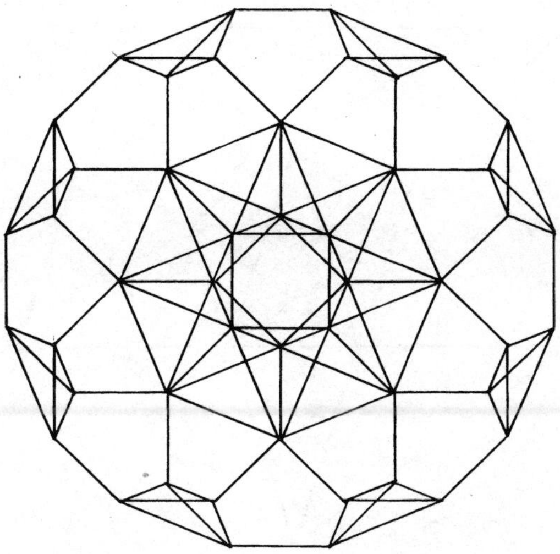

t{4,3,3}

Truncated
Hypercube

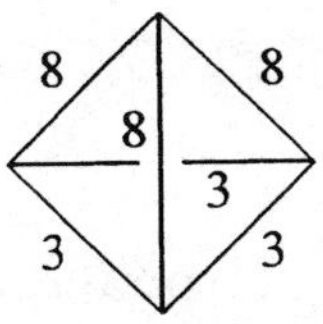


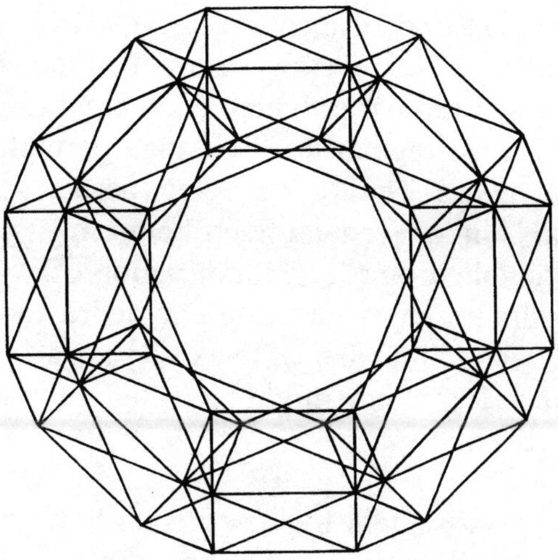

t{3,3,4}

Truncated
Octahypertetrahedron

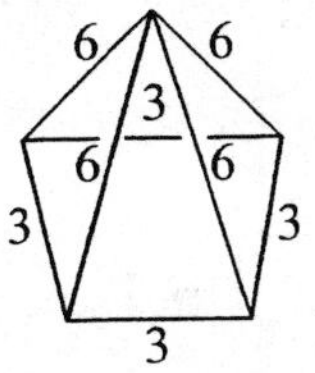


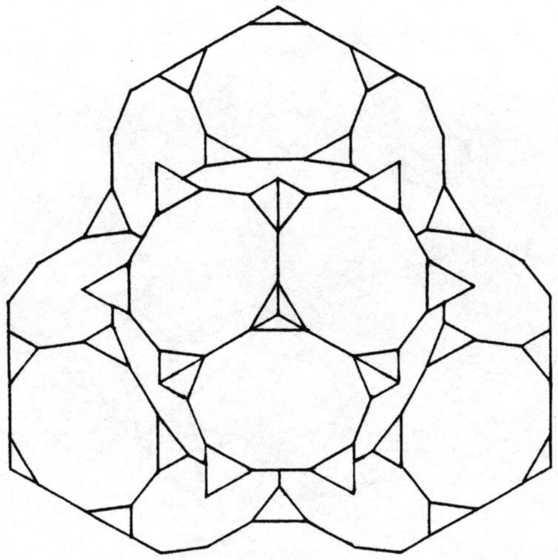

t{5,3,3}

Truncated
Hyperdodecahedron

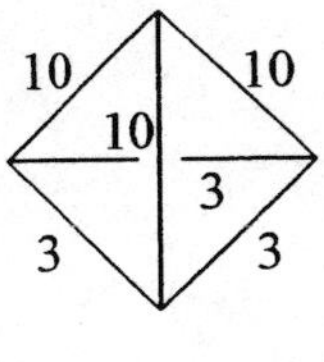


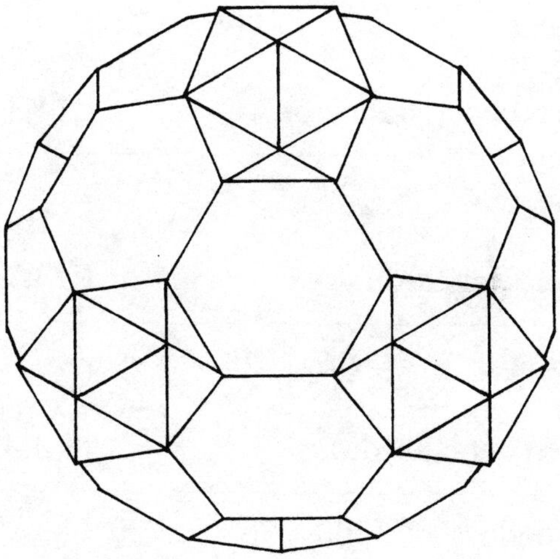

t{3,3,5}

Truncated
Icosahypertetrahedron

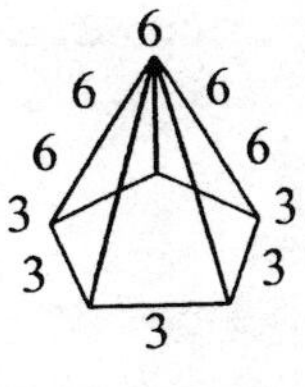


Fig.6: Truncated Hypersolids

## QUASI-REGULAR HYPERSOLIDS

Continuing this 'truncation' process we next arrive at a second truncation of each regular hypersolid. This generally consists of quasi-regular and regular polyhedra and can be termed quasi-regular itself by analogy with the polyhedra. That of the Octahypertetrahedron is in fact regular itself being the Hyperoctahedron {3,4,3}, consisting of octahedra both as truncating polyhedra and as the second member of the {3,3} tetrahedral series, which might be called a tetratetrahedron.

These quasi-regular hypersolids all have prismatic vertex figures as shown in Figure 7 and are described below in Table 7.

| Solids | V | E | F | | S |
|---|---|---|---|---|---|
| octa | 10 | 30 | 10 | △ | 5 |
| tetra | | | 20 | △ | 5 |
| Hypertetratetrahedron | | | | | $t^2\{3,3,3\}$ |
| cubocta | 32 | 96 | 24 | □ | 8 |
| tetra | | | 64 | △ | 16 |
| Hypercuboctetrahedron | | | | | $t^2\{4,3,3\}$ |
| octa | 24 | 96 | 32 | △ | 16 |
| octa | | | 64 | △ | 8 |
| Hyperoctahedron | | | | | $t^2\{3,3,4\}$ |
| cubocta | 96 | 288 | 96 | △ | 24 |
| cube | | | 144 | □ | 24 |
| Hypercuboctahedron | | | | | $t^2\{3,4,3\}$ |
| icosidodeca | 1200 | 3600 | 720 | ⬠ | 120 |
| tetra | | | 2400 | △ | 600 |
| Hypericosidodecatetrahedron | | | | | $t^2\{5,3,3\}$ |
| octa | 720 | 3600 | 1200 | △ | 600 |
| icosa | | | 2400 | △ | 120 |
| Hypericosatetratetrahedron | | | | | $t^2\{3,3,5\}$ |

Table 7: Quasi-Regular Hypersolids

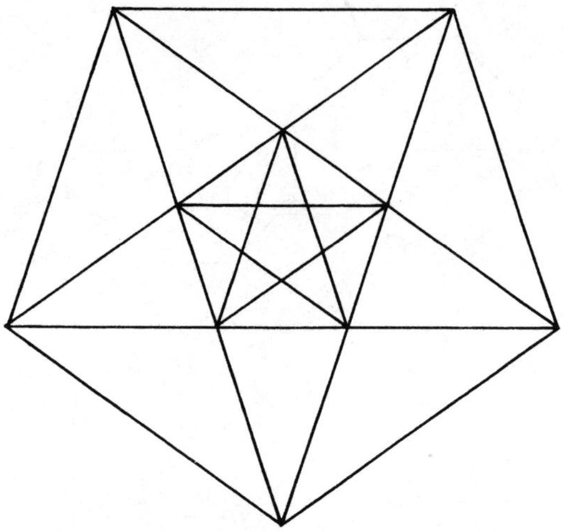

$t^2\{3,3,3\}$

Hypertetratetrahedron

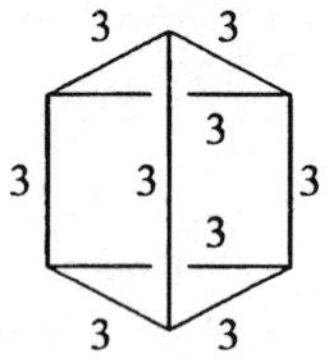

$t^2\{3,4,3\}$

Hypercuboctahedron

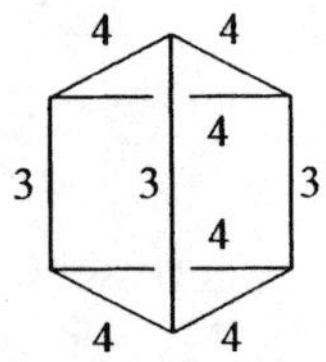

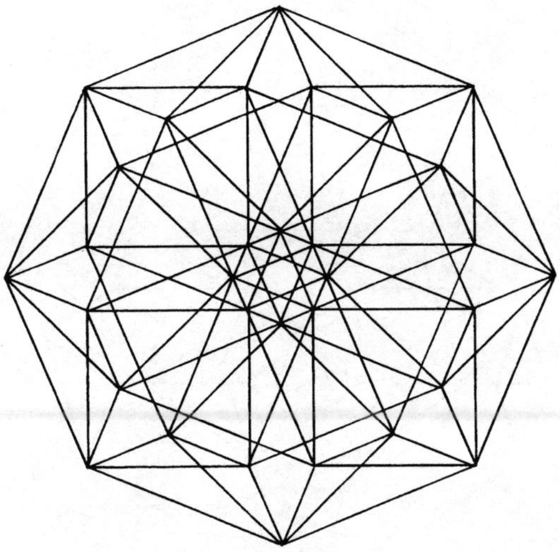

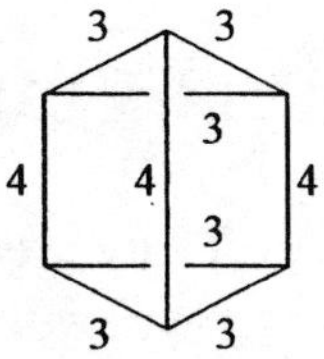


$t^2\{4,3,3\}$

Hypercuboctetrahedron

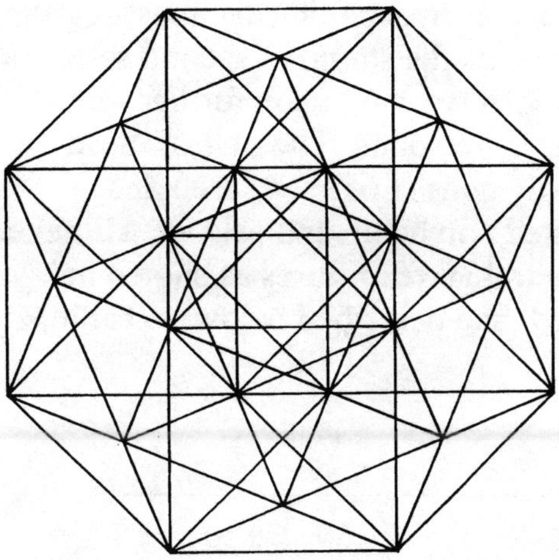

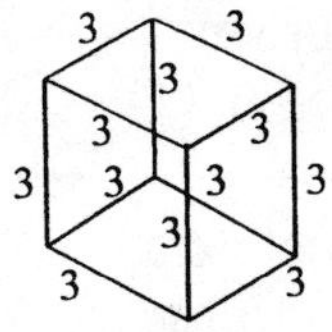


$t^2\{3,3,4\}$
$= \{3,4,3\}$

Hyperoctahedron

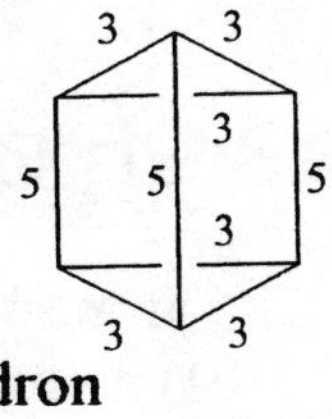


$t^2\{5,3,3\}$

Hypericosidodecatetrahedron

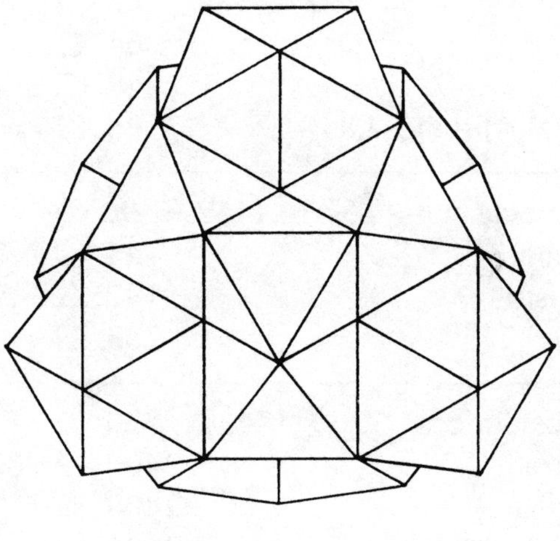

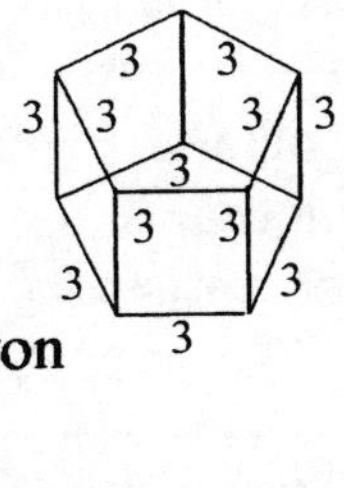


$t^2\{3,3,5\}$

Hypericosatetratetrahedron

Fig.7: Quasi-Regular Hypersolids

## MORE TRUNCATED HYPERSOLIDS

If we now take the second truncation of each regular hypersolid (the quasi-regular) and use it as the start of a second series of truncations we can obtain further semi-regular hypersolids. The first of these generally consist of even faced and truncated polyhedra and prisms. All have tetrahedral vertex figures as shown in Figure 8 and described below in Table 8.

| Solids | V | E | F | S |
|---|---|---|---|---|
| tr octa | 60 | 120 | 10 ⬡ | 5 |
| tr tetra | | | 20 ⬡ | 5 |
| triprism | | | 20 △ | 10 |
| $tt^2\{3,3,3\}$ | | | 30 □ | |
| tr cubocta | 192 | 384 | 24 ⯃ | 8 |
| tr tetra | | | 64 ⬡ | 16 |
| triprism | | | 64 △ | 32 |
| $tt^2\{4,3,3\}$ | | | 96 □ | |
| tr octa | 192 | 384 | 32 ⬡ | 16 |
| tr octa | | | 64 ⬡ | 8 |
| cube | | | 48 □ | 24 |
| $tt^2\{3,3,4\} = t\{3,4,3\}$ | | | 96 □ | |
| tr cubocta | 576 | 1152 | 96 ⬡ | 24 |
| tr cube | | | 144 ⯃ | 24 |
| triprism | | | 192 △ | 96 |
| $tt^2\{3,4,3\}$ | | | 288 □ | |
| tr icosidodeca | 7200 | 14400 | 720 ○ | 120 |
| tr tetra | | | 2400 ⬡ | 600 |
| triprism | | | 2400 △ | 1200 |
| $tt^2\{5,3,3\}$ | | | 3600 □ | |
| tr octa | 7200 | 14400 | 1200 ⬡ | 600 |
| tr icosa | | | 2400 ⬡ | 120 |
| pentaprism | | | 1440 ⬠ | 720 |
| $tt^2\{3,3,5\}$ | | | 3600 □ | |

Table 8: Truncated Quasi-Reg Hypersolids

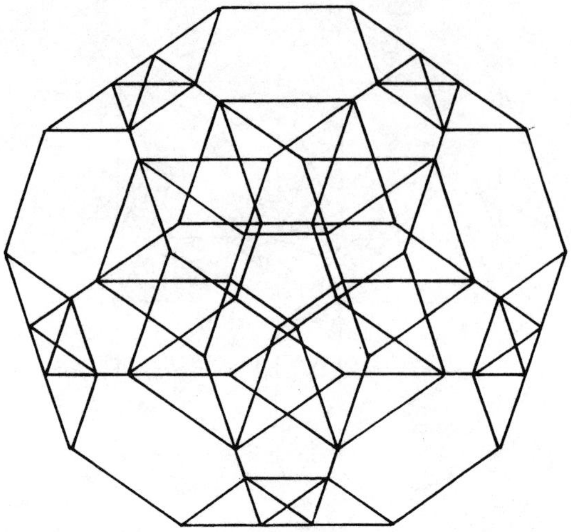

$tt^2\{3,3,3\}$

Truncated Hypertetratetrahedron

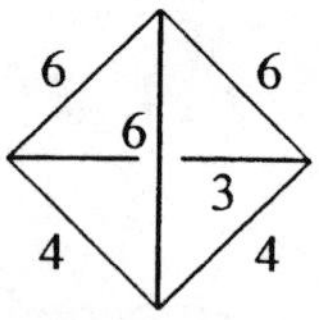

$tt^2\{3,4,3\}$

Truncated Hypercuboctahedron

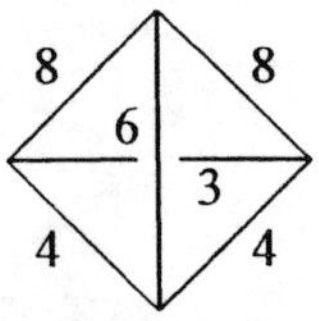

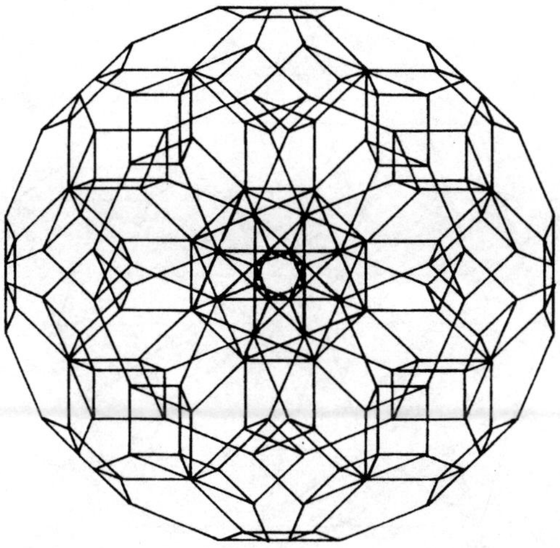

$tt^2\{4,3,3\}$

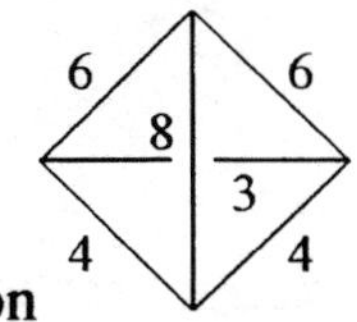


Truncated
Hypercuboctetrahedron

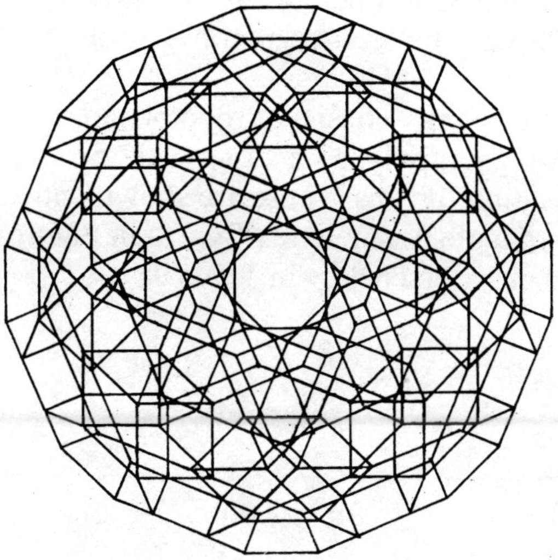

$tt^2\{3,3,4\}$
$= t\{3,4,3\}$
Truncated
Hyperoctahedron

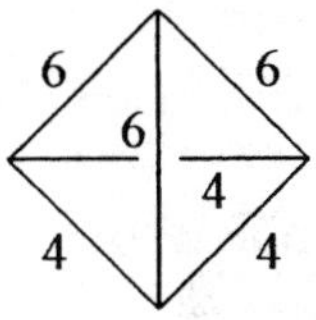


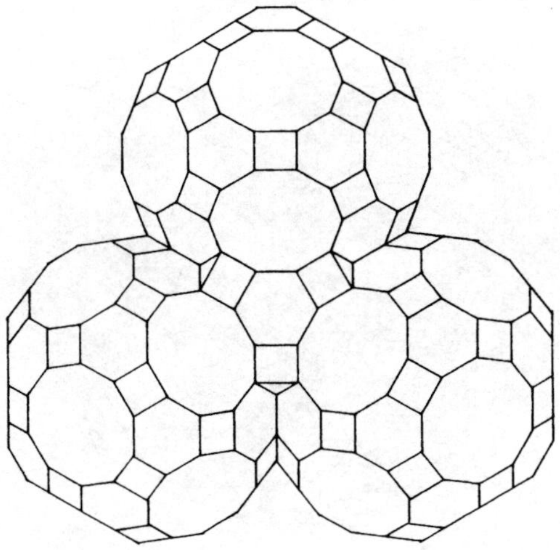

$tt^2\{5,3,3\}$

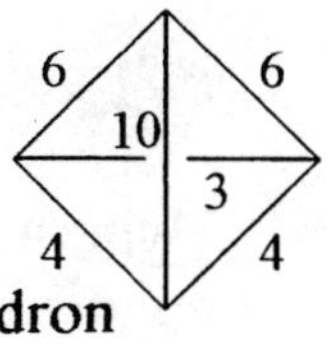


Truncated
Hypericosidodecatetrahedron

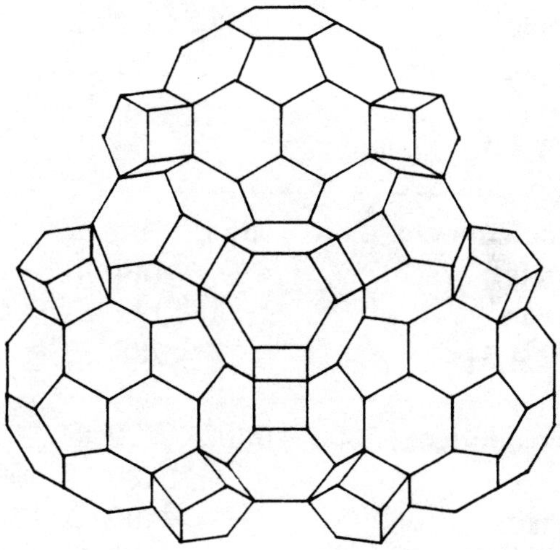

$tt^2\{3,3,5\}$

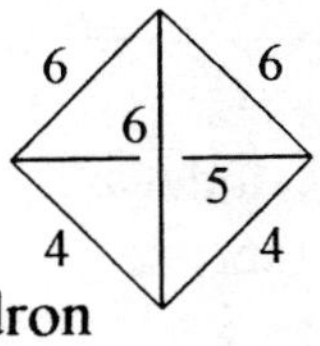


Truncated
Hypericosatetratetrahedron

Fig.8: Truncated Quasi-Regular Hypersolids

## RHOMBITRUNCATED HYPERSOLIDS

The second truncation of this second series yields yet more semi-regular hypersolids.

These generally consist of rhombi and quasi-regular polyhedra along with the 'truncating' prisms. These are shown with their triangle prism vertex figures in Figure 9 and described below in Table 9.

| Solids | V | E | F | S |
|---|---|---|---|---|
| cubocta | 30 | 90 | 10 △ | 5 |
| octa | | | 20 △ | 5 |
| triprism | | | 20 △ | 10 |
| $t^2t^2\{3,3,3\}$ | | | 30 □ | |
| rhombicubocta | 96 | 288 | 24 □ | 8 |
| octa | | | 64 △ | 16 |
| triprism | | | 64 △ | 32 |
| $t^2t^2\{4,3,3\}$ | | | 96 □ | |
| cubocta | 96 | 288 | 32 △ | 16 |
| cubocta | | | 64 △ | 8 |
| cube | | | 48 □ | 24 |
| $t^2t^2\{3,3,4\}$ | | | 96 □ | |
| rhombicubocta | 288 | 864 | 96 △ | 24 |
| cubocta | | | 144 □ | 24 |
| triprism | | | 192 △ | 96 |
| $t^2t^2\{3,4,3\}$ | | | 288 □ | |
| rh.icosidodeca | 3600 | 10800 | 720 ⬠ | 120 |
| octa | | | 2400 △ | 600 |
| triprism | | | 2400 △ | 1200 |
| $t^2t^2\{5,3,3\}$ | | | 3600 □ | |
| cubocta | 3600 | 10800 | 1200 △ | 600 |
| icosidodeca | | | 2400 △ | 120 |
| pentaprism | | | 1440 ⬠ | 720 |
| $t^2t^2\{3,3,5\}$ | | | 3600 □ | |

Table 9: Rhombitruncated Hypersolids

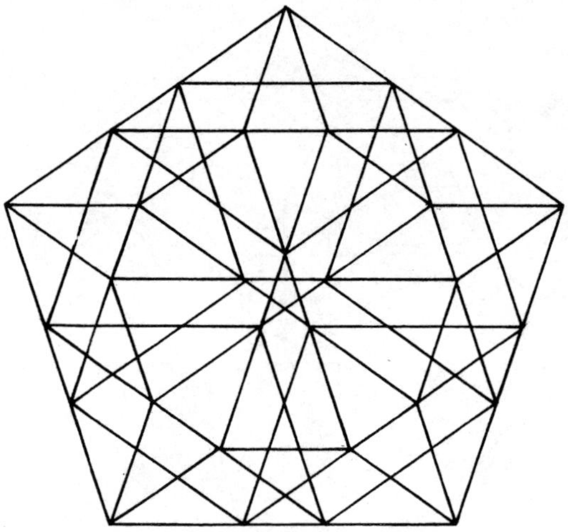

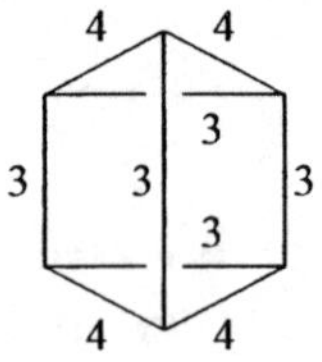


$t^2t^2\{3,3,3\}$

Hyperhombi-tetratetrahedron

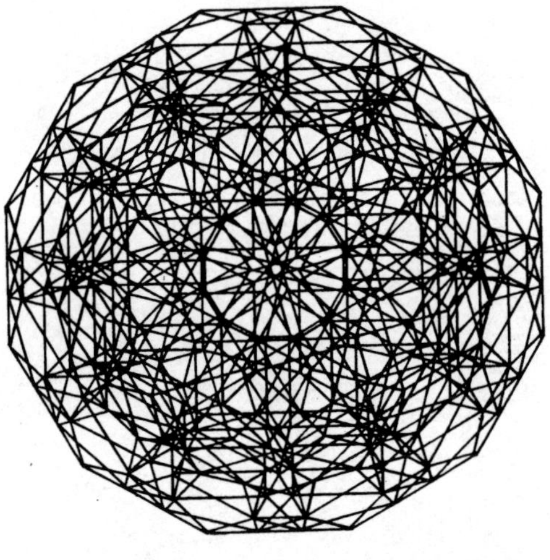

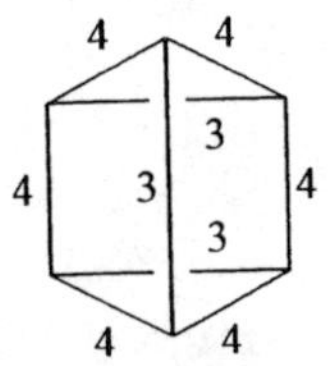


$t^2t^2\{3,4,3\}$

Hyperhombi-cuboctahedron

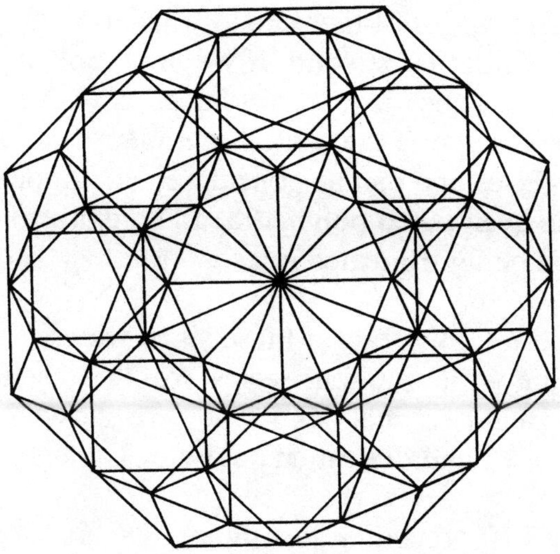

$t^2t^2\{4,3,3\}$

Hyperhombi-
cuboctetrahedron

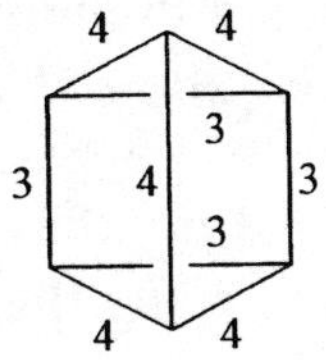


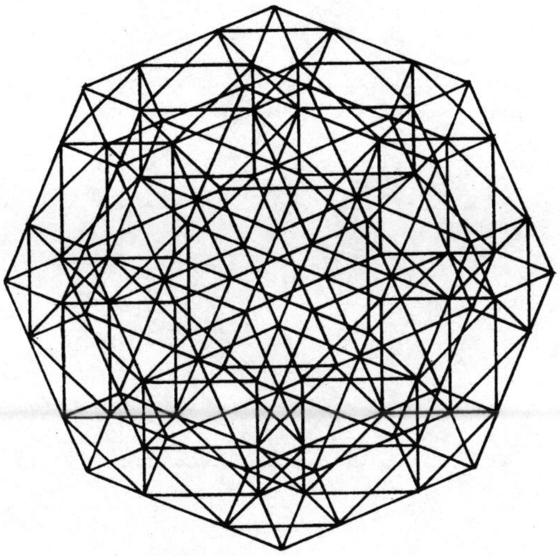

$t^2t^2\{3,3,4\}$
$= t^2\{3,4,3\}$

Hypercuboctahedron

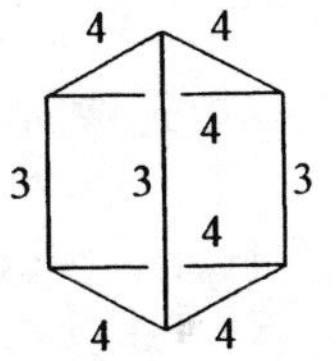


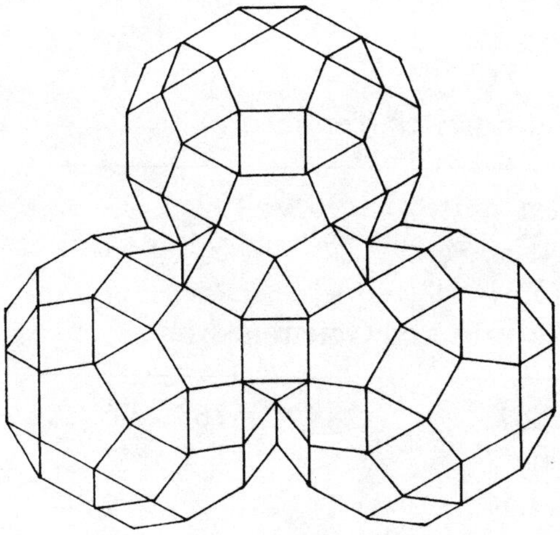

$t^2t^2\{5,3,3\}$

Hyperhombicosi-
dodecatetrahedron

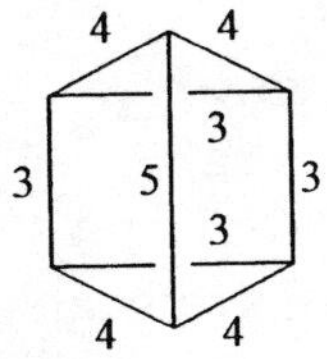


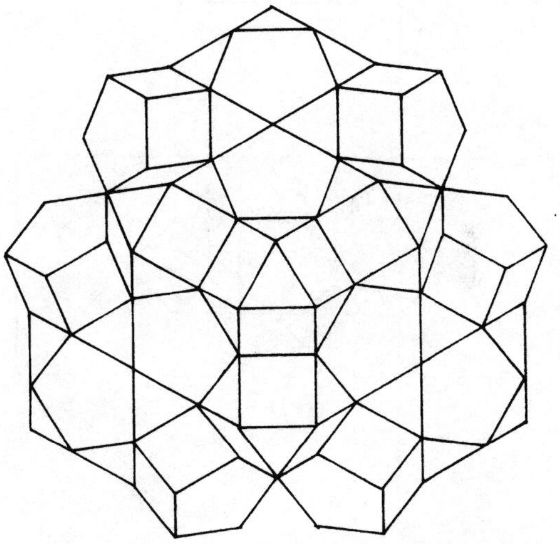

$t^2t^2\{3,3,5\}$

Hyperhombicosa-
tetratetrahedron

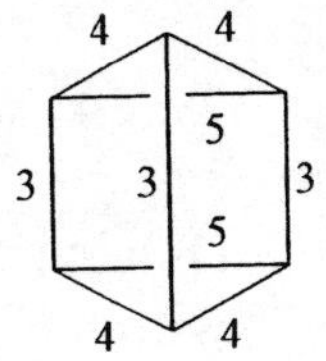


Fig.9: Rhombitruncated Hypersolids

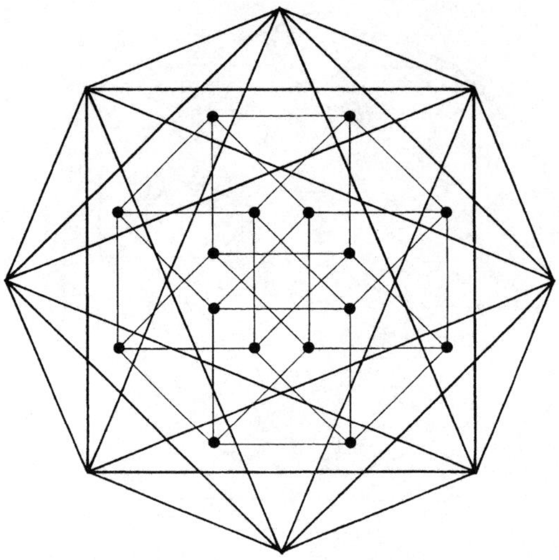

{4,3,3} within {3,3,4}

Hypercube within Octahypertetrahedron

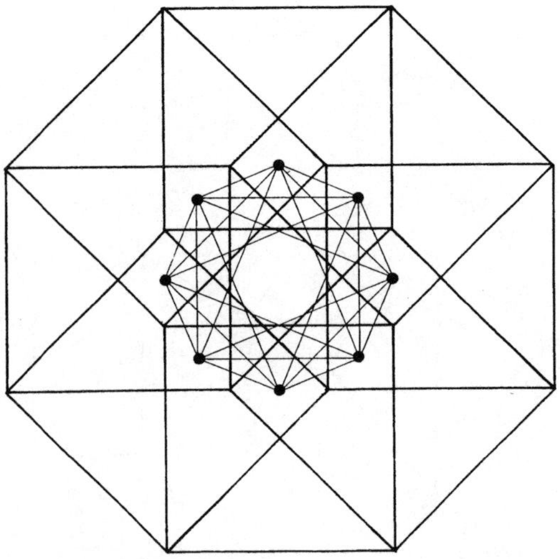

{3,3,4} within {4,3,3}

Octahypertetrahedron within Hypercube

Fig. 10: Dual Hypersolids

## EVEN FACED HYPERSOLIDS

In the preceding pages we have examined the truncations of the second truncation of each regular hypersolid. If we now look at the third truncation, we find that, as with the closepacks, it is the central member of a first series and can be considered analogous to the even faced polyhedra, all constituent solids being truncated ones.

There are only four of these since we are dealing with only four series, from two self-duals and two dual pairs. They are shown in Figure 11 and described below in Table 10.

Figure 10 preceding this illustrates this dualism in the relatively simple case of the hypercube and octahypertetrahedron. Both hypersolids are shown in the same projection, the centres of their constituent solids being the vertices of the dual.

| Solids | V | E | F | | S |
|---|---|---|---|---|---|
| tr tetra | 30 | 60 | 10 | △ | 5 |
| tr tetra | | | 20 | ⬡ | 5 |
| $t^3\{3,3,3\}$ | | | 10 | △ | |
| Hypertruncated Tetrahedron | | | | | |
| tr tetra | 96 | 192 | 32 | △ | 16 |
| tr octa | | | 64 | ⬡ | 8 |
| $t^3\{4,3,3\} = t^3\{3,3,4\}$ | | | 24 | □ | |
| Hypertruncated Octetrahedron | | | | | |
| tr cube | 288 | 576 | 96 | △ | 24 |
| tr cube | | | 144 | ⬡ | 24 |
| $t^3\{3,4,3\}$ | | | 96 | △ | |
| Hypertruncated Cube | | | | | |
| tr tetra | 3600 | 7200 | 1200 | △ | 600 |
| tr icosa | | | 2400 | ⬡ | 120 |
| $t^3\{5,3,3\} = t^3\{3,3,5\}$ | | | 720 | ⬠ | |
| Hypertruncated Icosatetrahedron | | | | | |

Table 10: Even Faced Hypersolids

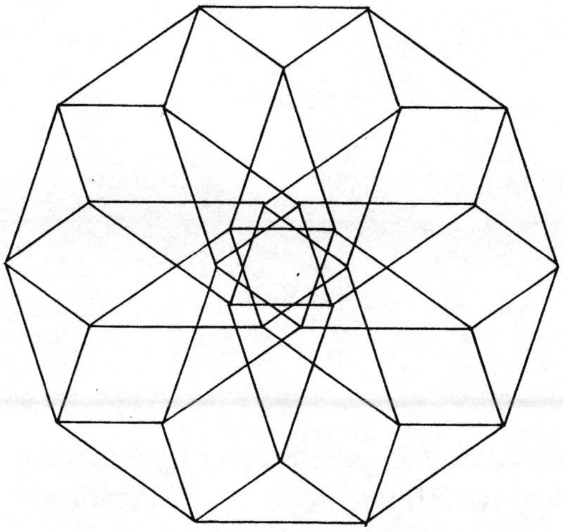

$t^3\{3,3,3\}$

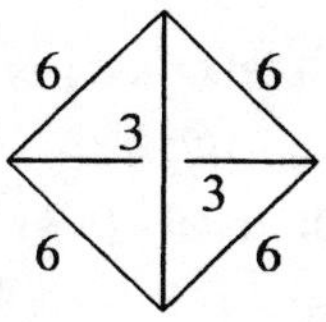


Hypertruncated
Tetrahedron

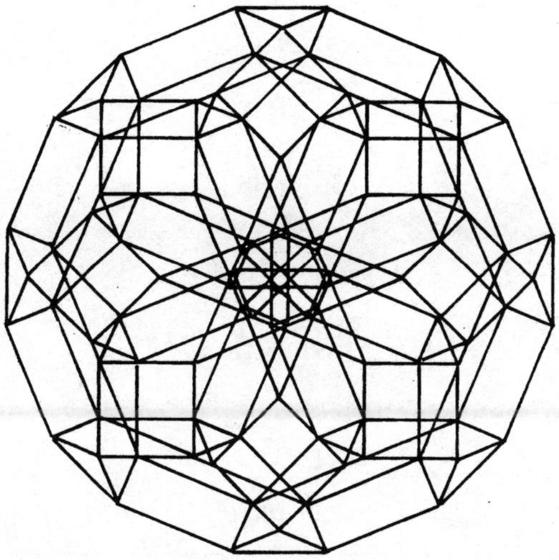

$t^3\{4,3,3\} = t^3\{3,3,4\}$

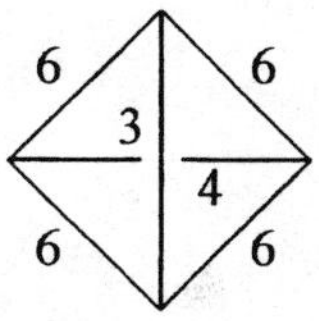


Hypertruncated
Octetrahedron

$t^3\{3,4,3\}$

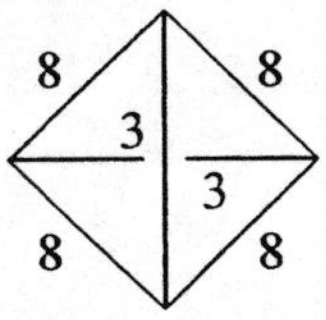


Hypertruncated
Cube

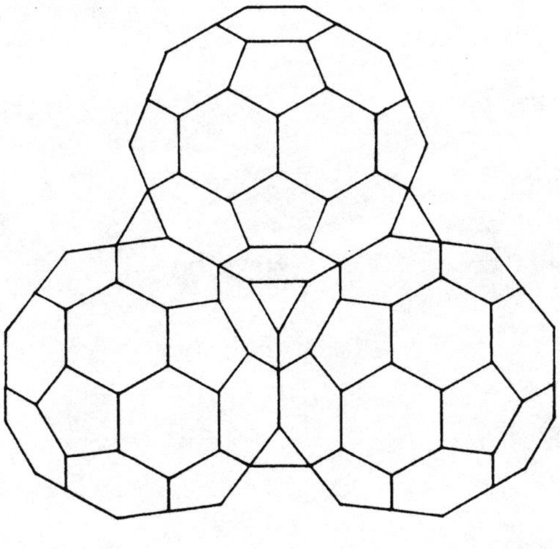

$t^3\{5,3,3\} = t^3\{3,3,5\}$

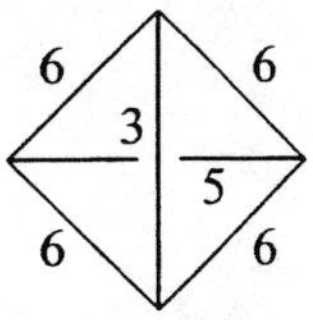


Hypertruncated
Icosatetrahedron

Fig.11: Even Faced Hypersolids

| | |
|---|---|
| tetra | — |
| tr tetra | tetra |
| octa | tetra |
| tr tetra | tr tetra |
| tetra | octa |
| tetra | tr tetra |
| — | tetra |

{3,3,3} First Series

| | | |
|---|---|---|
| octa | tetra | — |
| tr octa | tr tetra | triprism |
| cubocta | octa | triprism |

{3,3,3} Second Series

The regular and semi-regular hypersolids seen so far fall into series of 'truncations' much like the closepacks.

Each first series is seven members long, consisting of two overlapped 'truncating'/ 'truncated' polyhedron series five members long. The second truncation in each case leads to a second series with two further truncations before the solids become irregular.

These series are shown adjoining in Table 11 for the self-dual families and opposite in Table 12 for the two dual pair families.

| | |
|---|---|
| octa | — |
| tr octa | cube |
| cubocta | cube |
| tr cube | tr cube |
| cube | cubocta |
| cube | tr octa |
| — | octa |

{3,4,3} First Series

| | | |
|---|---|---|
| cubocta | cube | — |
| tr cubocta | tr cube | triprism |
| rhombicubocta | cubocta | triprism |

{3,4,3} Second Series

Table 11: Self-Dual Hypersolid Series

| | |
|---|---|
| cube | — |
| tr cube | tetra |
| cubocta | tetra |
| tr octa | tr tetra |
| octa | octa |
| octa | tr tetra |
| — | tetra |

{4,3,3} {3,3,4} First Series

| | | |
|---|---|---|
| cubocta | tetra | — |
| tr cubocta | tr tetra | triprism |
| rhombicubocta | octa | triprism |

| | | |
|---|---|---|
| octa | octa | — |
| tr octa | tr octa | cube |
| cubocta | cubocta | cube |

{4,3,3} {3,3,4} Second Series

| | |
|---|---|
| dodeca | — |
| tr dodeca | tetra |
| icosidodeca | tetra |
| tr icosa | tr tetra |
| icosa | octa |
| icosa | tr tetra |
| — | tetra |

{5,3,3} {3,3,5} First Series

| | | |
|---|---|---|
| icosidodeca | tetra | — |
| tr icosidodeca | tr tetra | triprism |
| rh icosidodeca | octa | triprism |

| | | |
|---|---|---|
| icosa | octa | — |
| tr icosa | tr octa | pentaprism |
| icosidodeca | cubocta | pentaprism |

{5,3,3} {3,3,5} Second Series

Table 12: Dual Pair Hypersolid Series

## AN ODD HYPERSOLID

Within the closepacks we met with several 'odd' closepacks, not strictly part of a truncation series, but nevertheless semi-regular, sharing the same symmetries, and consisting of two or more types of solid.

There are similar assemblies within the hypersolids. The first of these, analogous to the truncated tetrahedral closepack, consists of tetrahedra and quasicuboctahedra and is shown below in Figure 12.

Its vertex figure fits within the octahedral vertex figure of the octahypertetrahedron in the same way that the truncated tetrahedral closepack's vertex figure fits within that of the {octet} closepack. The hypersolids do not in general have such an 'octet' series, except for the octahypertetrahedron whose second truncation similarly has a cuboid vertex figure. Because this is actually a cube the octahypertetrahedron is its own 'octet'.

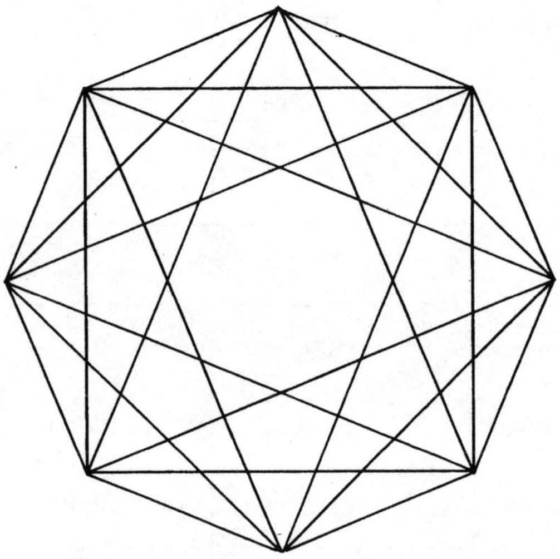

$t'^2\{4,3,3\}$

Hyperquasi-cuboctetrahedron

Fig. 12: Odd Hypersolid

## TRUNCATED PRISM HYPERSOLIDS

Unlike the single odd hypersolid just seen, we can find sets of other odd hypersolids. The first of these is analogous to the truncated cuboctaprism closepack. There is one of these for each of our symmetry families as shown in Figure 13 opposite and described at the bottom of Table 13 below.

| Solids | V | E | F | | S |
|---|---|---|---|---|---|
| tetra | 8x4 | 24x4 | 32x2 | △ | 16 |
| quasicubocta | | | 6x4 | □ | 8 |
| Hyperquasicuboctetrahedron | | | | $t'^2\{4,3,3\}$ | |
| tr octa | 120 | 240 | 20 | ⬡ | 5 |
| tr octa | | | 20 | ⬡ | 5 |
| hexaprism | | | 20 | ⬡ | 10 |
| hexaprism | | | 90 | □ | 10 |
| o{3,3,3} | | | | | |
| Truncated Hypertetratetraprism | | | | | |
| tr octa | 384 | 768 | 64 | ⬡ | 16 |
| tr cubocta | | | 64 | ⬡ | 8 |
| hexaprism | | | 48 | ○ | 32 |
| octaprism | | | 288 | □ | 24 |
| o{4,3,3} = o{3,3,4} | | | | | |
| Truncated Hypercuboctetraprism | | | | | |
| tr cubocta | 1152 | 2304 | 192 | ⬡ | 24 |
| tr cubocta | | | 144 | ○ | 24 |
| hexaprism | | | 192 | ⬡ | 96 |
| hexaprism | | | 864 | □ | 96 |
| o{3,4,3} | | | | | |
| Truncated Hypercuboctaprism | | | | | |
| tr octa | 14400 | 28800 | 2400 | ⬡ | 600 |
| tr icosidodeca | | | 2400 | ○ | 120 |
| hexaprism | | | 1440 | ○ | 1200 |
| decaprism | | | 10800 | □ | 720 |
| o{5,3,3} = o{3,3,5} | | | | | |
| Truncated Hypericosidodecatetraprism | | | | | |

Table 13: Odd Hypersolids

o{3,3,3}

Truncated
Hypertetratetraprism

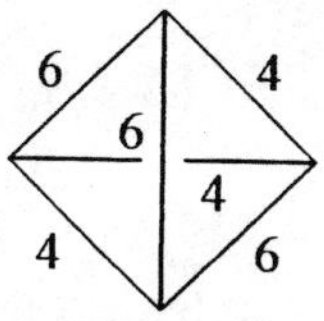

o{4,3,3} = o{3,3,4}

Truncated
Hypercuboctetraprism

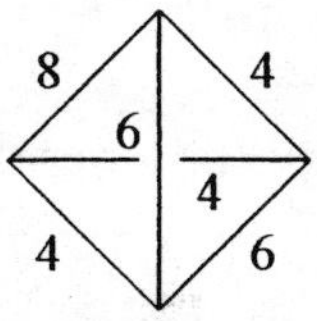

o{3,4,3}

Truncated
Hypercuboctaprism

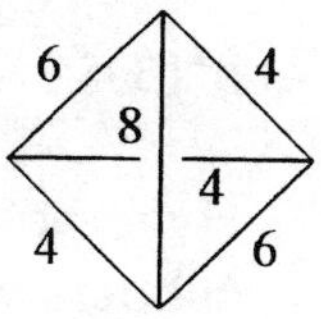


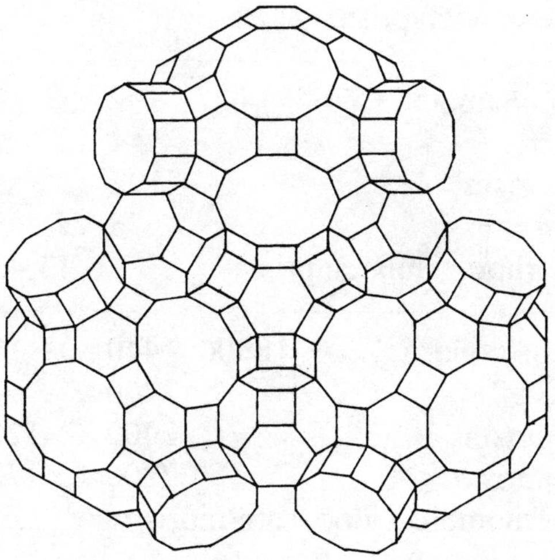

o{5,3,3} = o{3,3,5}

Truncated Hyper-
icosidodecatetraprism

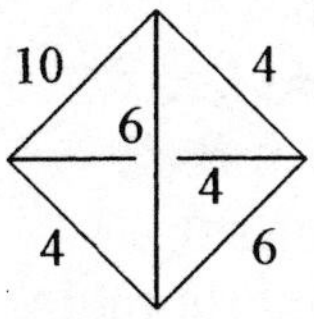


Fig. 13: First Odd Hypersolids

## RHOMBIPRISM HYPERSOLIDS

There is also an odd hypersolid for each regular hypersolid, analogous to the rhombicuboctaprism closepack, six in total as shown below in Table 14 and Figure 14.

| Solids | V | E | F | S |
|---|---|---|---|---|
| cubocta | 60 | 150 | 20 △ | 5 |
| tr tetra | | | 20 △ | 5 |
| hexaprism | | | 20 ⬡ | 10 |
| triprism | | | 60 □ | 10 |
| Hyperhombitetratetraprism | | | | $o^2\{3,3,3\}$ |
| rhombicubocta | 192 | 480 | 48 □ | 8 |
| tr tetra | | | 64 △ | 16 |
| hexaprism | | | 64 ⬡ | 32 |
| cube | | | 192 □ | 24 |
| Hyperhombicuboctetraprism | | | | $o^2\{4,3,3\}$ |
| cubocta | 192 | 480 | 64 △ | 16 |
| tr cube | | | 64 △ | 8 |
| octaprism | | | 48 ⯃ | 24 |
| triprism | | | 192 □ | 32 |
| Hypercuboctaprism | | | | $o^2\{3,3,4\}$ |
| rhombicubocta | 576 | 1440 | 192 △ | 24 |
| tr octa | | | 144 □ | 24 |
| hexaprism | | | 192 ⬡ | 96 |
| triprism | | | 576 □ | 96 |
| Hyperhombicuboctaprism | | | | $o^2\{3,4,3\}$ |
| rh.icosidodeca | 7200 | 18000 | 1440 ⬠ | 120 |
| tr tetra | | | 2400 △ | 600 |
| hexaprism | | | 2400 ⬡ | 1200 |
| pentaprism | | | 7200 □ | 720 |
| Hyperhombicosidodecatetraprism | | | | $o^2\{5,3,3\}$ |
| cubocta | 7200 | 18000 | 2400 △ | 600 |
| tr dodeca | | | 2400 △ | 120 |
| decaprism | | | 1440 ○ | 720 |
| triprism | | | 7200 □ | 1200 |
| Hyperhombicosatetratetraprism | | | | $o^2\{3,3,5\}$ |

Table 14: Rhombiprism Hypersolids

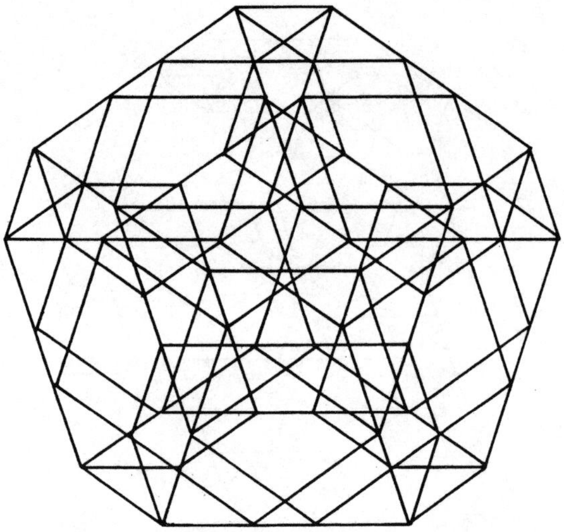

$o^2\{3,3,3\}$

Hyperhombi-tetratetraprism

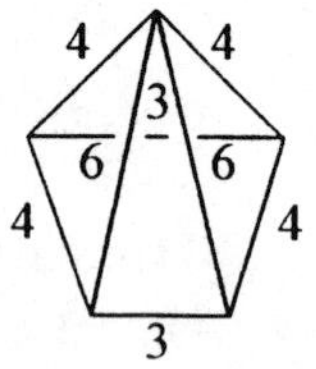

$o^2\{3,4,3\}$

Hyperhombi-cuboctaprism

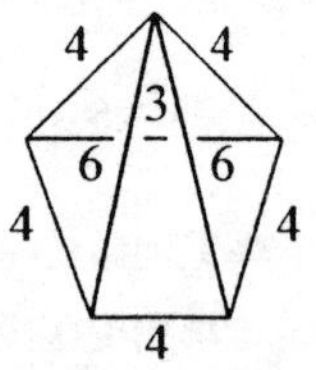

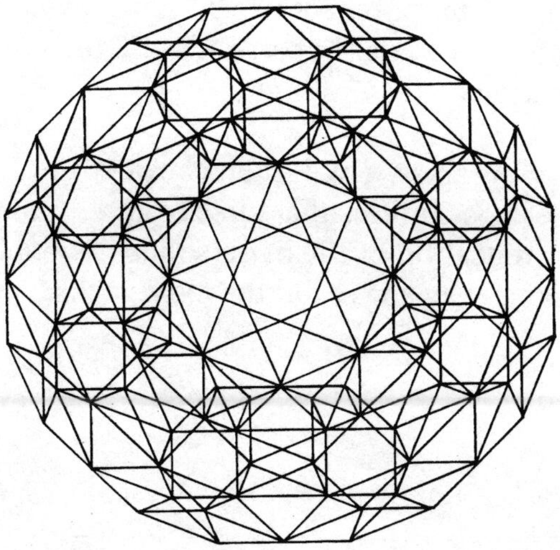

$o^2\{4,3,3\}$

Hyperhombi-
cuboctetraprism

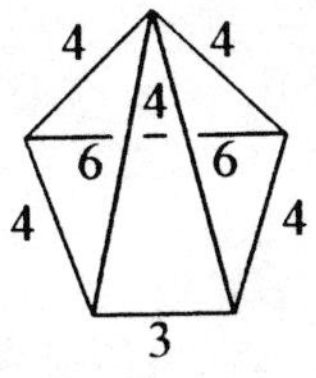

$o^2\{3,3,4\}$

Hypercuboctaprism

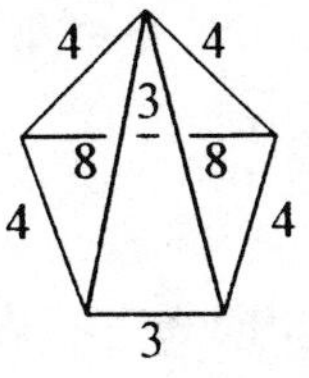


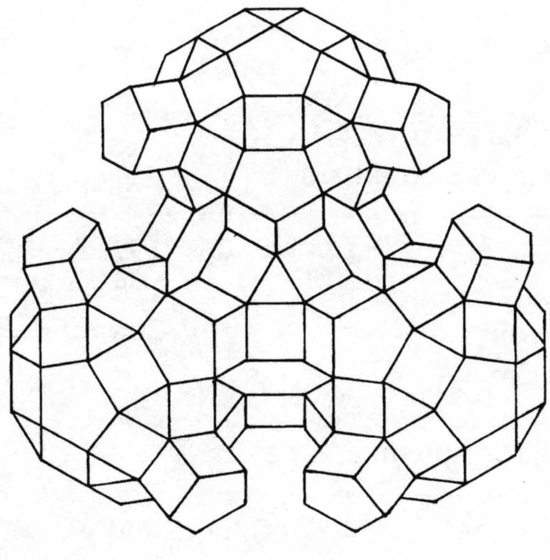

$o^2\{5,3,3\}$

Hyperhombicosi-
dodecatetraprism

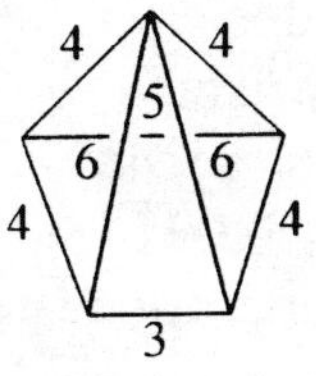


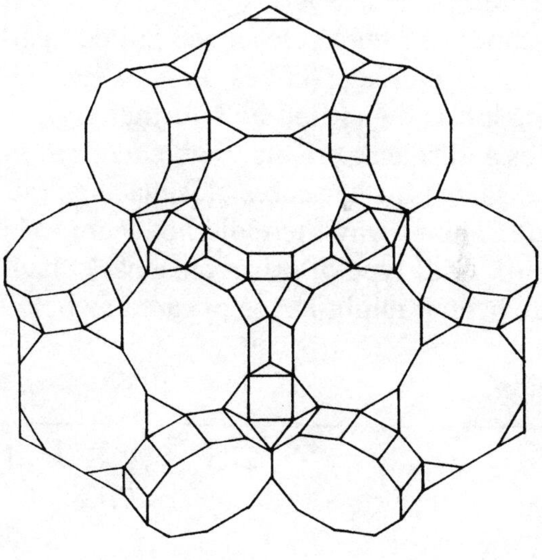

$o^2\{3,3,5\}$

Hyperhombicosa-
tetratetraprism

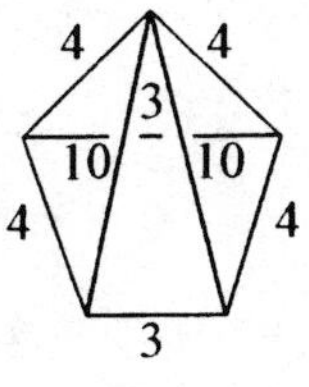


Fig. 14: Rhombiprism Hypersolids

## MORE ODD HYPERSOLIDS

There is in fact a third group of four odd hypersolids, one for each symmetry family, not knowingly seen within the closepacks.

Taking the example of a regular hypersolid, the hyperdodecahedron, we can pull its solids apart to make room for pentagonal prisms between each pair of dodecahedra. This creates a further space at the vertices, where tetrahedra, centred on the original vertices, can be linked in a similar way by triangular prisms. These tetrahedra are in fact those of an icosahypertetrahedron, similarly spaced apart with triangular prisms, leaving room for the dodecahedra and their pentaprisms.

This third set of hypersolids are shown in Figure 15 opposite and described in Table 15 adjoining.

The closepack analogous to these comprises the cubes of a cubic closepack pulled apart with square prisms (cubes) in between. The space left is then filled by a further set of cubes and square prisms to give us nothing other than a further cubic closepack as the result. This is why there did not seem to be a third 'odd' type of prism closepack; had there been it might have appeared as below:

| Solids | E/V | F/V | S/V |
|---|---|---|---|
| cube | 6 | 3 □ | 1 |
| cube | | 3 □ | 1 |
| cube | | 6 □ | 3 |
| cube | | | 3 |
| $o^3\{4,3,4\} = \{4,3,4\}$ | | | |
| Hexahexaprism Closepack | | | |

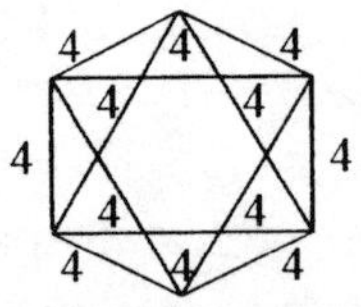


## STAR HYPERSOLIDS

We will next take a look at the results of using the star polyhedra as building blocks to produce the star hypersolids and their truncations.

Following this we will then consider the further possibilities that arise from quasitruncation of the hypersolids, in much the same way as we did the closepacks.

| Solids | V | E | F | S |
|---|---|---|---|---|
| tetra | 20 | 60 | 20 △ | 5 |
| tetra | | | 20 △ | 5 |
| triprism | | | 30 □ | 10 |
| triprism | | | | 10 |
| $o^3\{3,3,3\}$ | | | | |
| Hypertetraprism | | | | |
| tetra | 64 | 192 | 64 △ | 16 |
| cube | | | 48 □ | 8 |
| triprism | | | 96 □ | 32 |
| cube | | | | 24 |
| $o^3\{4,3,3\} = o^3\{3,3,4\}$ | | | | |
| Hyperhexatetraprism | | | | |
| octa | 144 | 576 | 192 △ | 24 |
| octa | | | 192 △ | 24 |
| triprism | | | 288 □ | 96 |
| triprism | | | | 96 |
| $o^3\{3,4,3\}$ | | | | |
| Hyperoctaprism | | | | |
| tetra | 2400 | 7200 | 2400 △ | 600 |
| dodeca | | | 1440 ⬠ | 120 |
| triprism | | | 3600 □ | 1200 |
| pentaprism | | | | 720 |
| $o^3\{5,3,3\} = o^3\{3,3,5\}$ | | | | |
| Hyperdodecatetraprism | | | | |

Table 15: More Odd Hypersolids

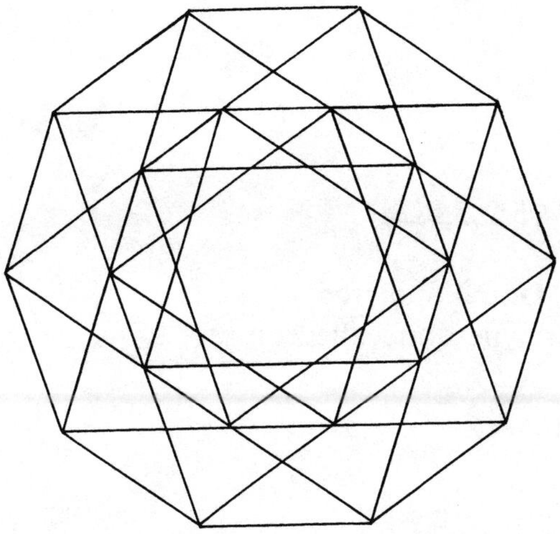

$o^3\{3,3,3\}$

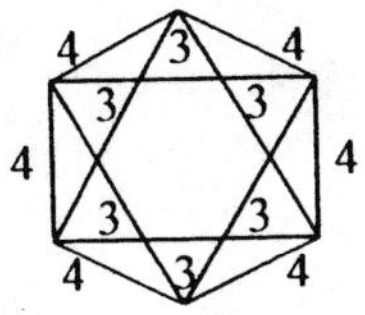


Hypertetraprism

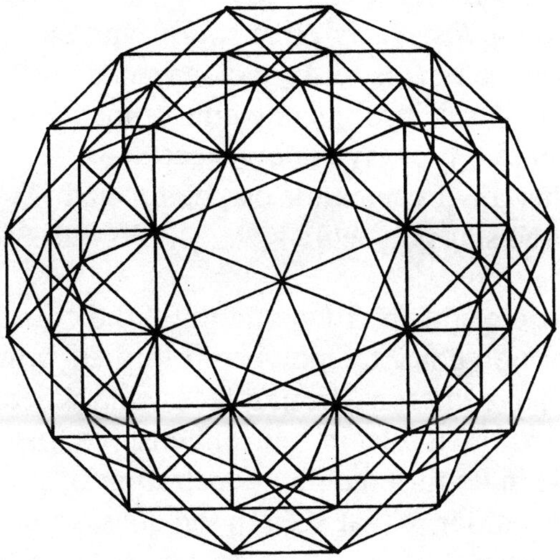

$o^3\{4,3,3\} = o^3\{3,3,4\}$

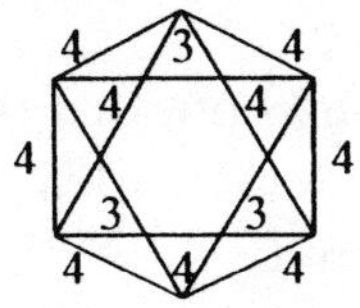


Hyperhexatetraprism

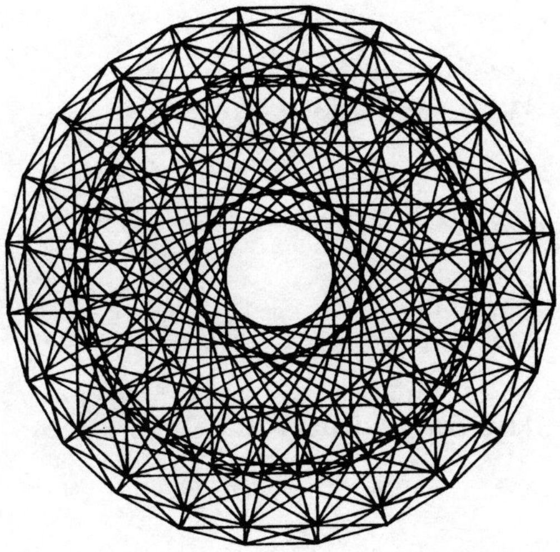

$o^3\{3,4,3\}$

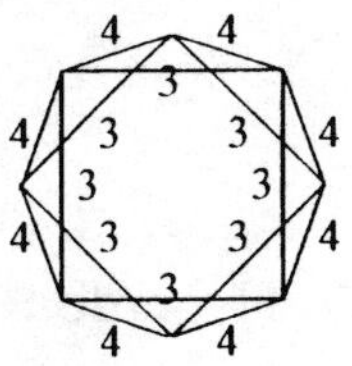


Hyperoctaprism

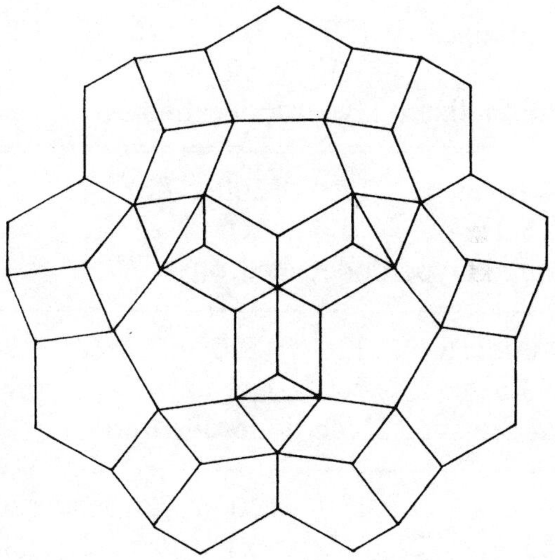

$o^3\{5,3,3\} = o^3\{3,3,5\}$

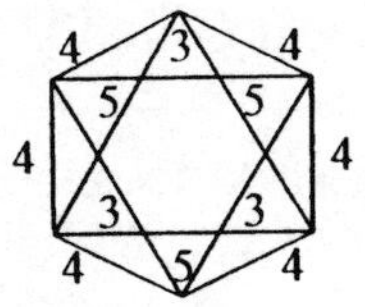


Hyperdodecatetraprism

Fig. 15: More Odd Hypersolids

## REGULAR STAR HYPERSOLIDS

Having seen in the last volume, '*Closepacks & Quasi-Closepacks*', that solids with star faces can be made to form closepacks with interpenetrating solids, the quasitruncated closepacks, the way is now clear to ask whether any hypersolids can be formed from the star polyhedra.

Because of the interpenetration of the edges of star polygons, the polyhedra formed from them have interpenetrating faces, and when they are assembled in four dimensions this entails in its turn the interpenetration of solids similar to that seen in the quasi-closepacks.

It turns out that there are in fact ten regular star hypersolids as shown below in Tables 16 and 17.

| Solids | V | E | F | S |
|---|---|---|---|---|
| sm st dodeca | 120 | 720 | 720 ☆ | 120 |
| {5/2,5,5/2} | x3 | x2 | x2 | x3 |
| Grand Stellated Hyperdodecahedron | | | | |
| sm st dodeca | 120 | 1200 | 720 ☆ | 120 |
| {5/2,5,3} | x1 | x1 | x2 | x3 |
| Stellated Hyperdodecahedron | | | | |
| gt st dodeca | 120 | 720 | 720 ☆ | 120 |
| {5/2,3,5} | x1 | x1 | x2 | x7 |
| Great Stellated Hyperdodecahedron | | | | |
| gt dodeca | 120 | 1200 | 720 ⬠ | 120 |
| {5,5/2,3} | x7 | x1 | x1 | x3 |
| Great Grand Hyperdodecahedron | | | | |
| gt st dodeca | 600 | 1200 | 720 ☆ | 120 |
| {5/2,3,3} | x1 | x1 | x2 | x7 |
| Great Grand Stellated Hyperdodecahedron | | | | |

Table 16: Regular Star Hypersolids

{5/2,5,5/2}

Grand Stellated Hyperdodecahedron

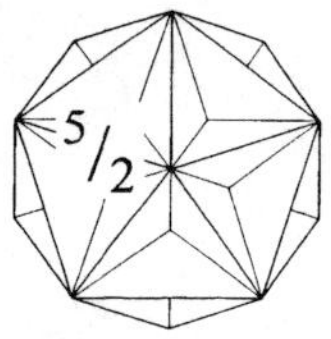


{5/2,5,3}

Stellated Hyperdodecahedron

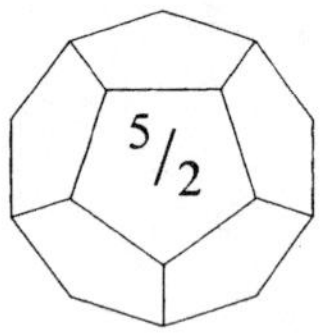


{5/2,3,5}

Great Stellated Hyperdodecahedron

{5,5/2,3}

Great Grand Hyperdodecahedron

{5/2,3,3}

Great Grand Stellated Hyperdodecahedron

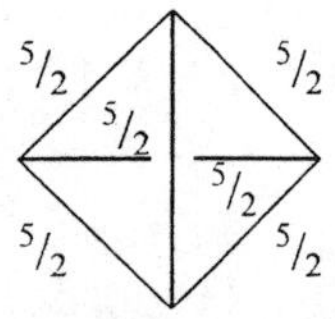


Fig.16: Regular Star Hypersolids

These star hypersolids are so complex that it is not even useful to try to illustrate a single vertex cluster as we did for the more complex regular hypersolids. We will have to content ourselves henceforth with vertex figures as shown in Figures 16 and 17 and resort to our imaginations for the rest.

It may have become apparent in the preceding section that throughout the various truncation processes explored, the sum V+F = E+S has held true for all the hypersolids shown so far. For this to work in the star hypersolids we need to take account of the density of the solids themselves as well as that of the faces, edges and the vertex figures as shown in Tables 16 and 17.

{5,5/2,5}

Great Hyperdodecahedron

{3,5,5/2}

Hypericosahedron

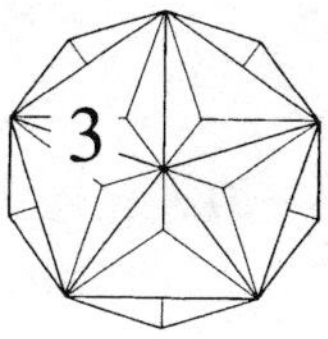


{5,3,5/2}

Grand Hyperdodecahedron

{3,5/2,5}

Great Hypericosahedron

{3,3,5/2}

Grand Hypertetrahedron

Fig.17: More Regular Star Hypersolids

| Solids | V | E | F | S |
|---|---|---|---|---|
| gt dodeca | 120 | 720 | 720 ⬠ | 120 |
| {5,5/2,5} | x3 | x1 | x1 | x3 |
| Great Hyperdodecahedron | | | | |
| icosa | 120 | 720 | 1200 △ | 120 |
| {3,5,5/2} | x3 | x2 | x1 | x1 |
| Hypericosahedron | | | | |
| dodeca | 120 | 720 | 720 ⬠ | 120 |
| {5,3,5/2} | x7 | x2 | x1 | x1 |
| Grand Hyperdodecahedron | | | | |
| gt icosa | 120 | 720 | 1200 △ | 120 |
| {3,5/2,5} | x3 | x1 | x1 | x7 |
| Great Hypericosahedron | | | | |
| tetra | 120 | 720 | 1200 △ | 600 |
| {3,3,5/2} | x7 | x2 | x1 | x1 |
| Grand Hypertetrahedron | | | | |

Table 17: More Regular Star Hypersolids

TRUNCATED STAR HYPERSOLIDS

As with the regular hypersolids, we can 'truncate' the star hypersolids by growing new solids at each of the vertices. The results of doing this are summarised below in Tables 18 and 19.

In general the 'truncated' star hypersolid consists of truncated versions of the original solids along with new 'truncating' solids, equivalent to the vertex figures of the original hypersolids. Their vertex figures are shown in Figures 18 and 19 adjoining and are effectively pyramidal in form, as were those of the truncations of the regular hypersolids.

| Solids | V | E | F | S |
|---|---|---|---|---|
| triple dodeca | 1440 | 4320 | 720 ⬠ | 120 |
| gt dodeca | | | 1440 ⬠ | 120 |
| t{5/2,5,5/2} | | | | |
| Tr Grand Stellated Hyperdodecahedron | | | | |
| triple dodeca | 2400 | 4800 | 720 ⬠ | 120 |
| dodeca | | | 1440 ⬠ | 120 |
| t{5/2,5,3} | | | | |
| Truncated Stellated Hyperdodecahedron | | | | |
| tr gt st dodeca | 1440 | 4320 | 720 ⬠ | 120 |
| icosa | | | 2400 △ | 120 |
| t{5/2,3,5} | | | | |
| Tr Great Stellated Hyperdodecahedron | | | | |
| tr gt dodeca | 2400 | 4800 | 720 ○ | 120 |
| gt st dodeca | | | 1440 ☆ | 120 |
| t{5,5/2,3} | | | | |
| Truncated Great Grand Hyperdodecahedron | | | | |
| tr gt st dodeca | 2400 | 4800 | 720 ⬠ | 120 |
| tetra | | | 2400 △ | 600 |
| t{5/2,3,3} | | | | |
| Tr Great Grand Stell Hyperdodecahedron | | | | |

Table 18: Truncated Star Hypersolids

t{5/2,5,5/2}
Truncated
Grand Stellated
Hyperdodecahedron

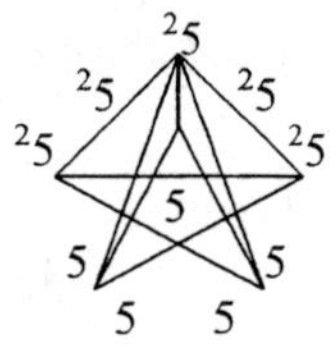


t{5/2,5,3}

Truncated Stellated
Hyperdodecahedron

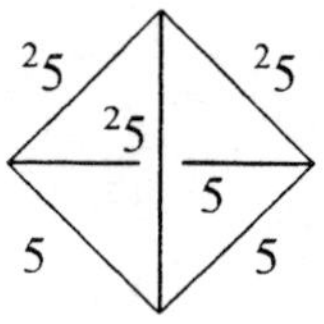


t{5/2,3,5}
Truncated
Great Stellated
Hyperdodecahedron

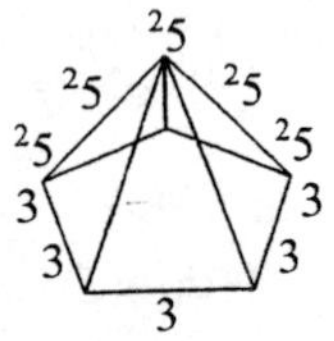


t{5,5/2,3}
Truncated
Great Grand
Hyperdodecahedron

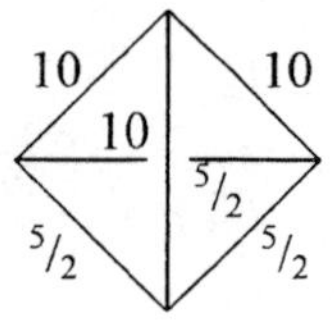


t{5/2,3,3}
Truncated Great
Grand Stellated
Hyperdodecahedron

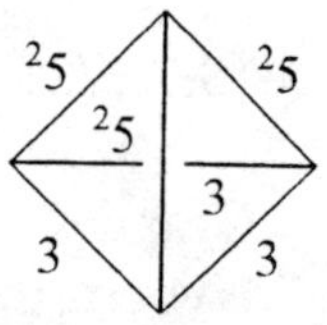


Fig. 18: Truncated Star Hypersolids

Here however, some of the pyramidal vertex figures are double density with star polygon bases. The first one shown opposite also has double polygon faces and some double edges, so that the sum V+F = E+S becomes (1440x2) + ((720x2) + (1440x1)) = ((720x2) + (3600x1)) + ((120x3) + (120x3)), i.e. 5760 = 5760! The sum still works and will be found to continue so throughout the rest of the star hypersolids.

In addition, where there are double polygon faces, the vertex figures form more complex solids than the pyramids shown, a subject we will examine in more detail later.

t{5,5/2,5}

Truncated Great Hyperdodecahedron

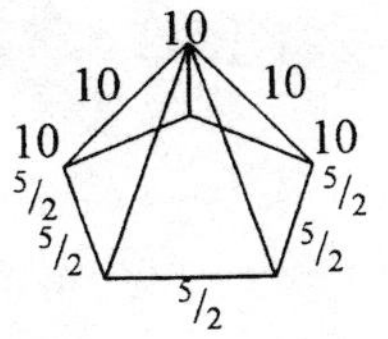


t{3,5,5/2}

Truncated Hypericosahedron

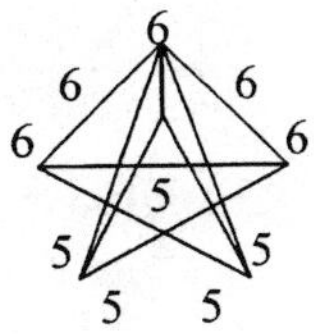


t{5,3,5/2}

Truncated Grand Hyperdodecahedron

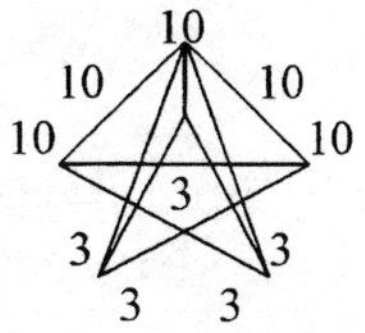


t{3,5/2,5}

Truncated Great Hypericosahedron

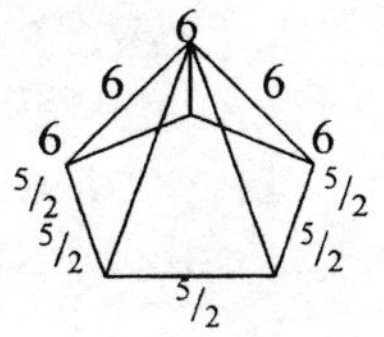


t{3,3,5/2}

Truncated Grand Hypertetrahedron

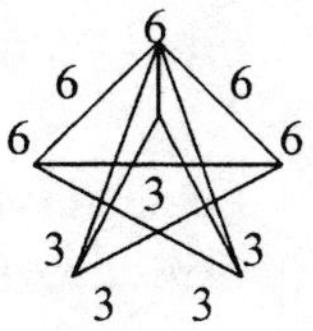


Fig.19: More Truncated Star Hypersolids

| Solids | V | E | F | | S |
|---|---|---|---|---|---|
| tr gt dodeca | 1440 | 4320 | 720 | ○ | 120 |
| sm st dodeca | | | 1440 | ☆ | 120 |
| t{5,5/2,5} | | | | | |
| Truncated Great Hyperdodecahedron | | | | | |
| tr icosa | 1440 | 4320 | 1200 | ⬡ | 120 |
| gt dodeca | | | 1440 | ⬠ | 120 |
| t{3,5,5/2} | | | | | |
| Truncated Hypericosahedron | | | | | |
| tr dodeca | 1440 | 4320 | 720 | ○ | 120 |
| gt icosa | | | 2400 | △ | 120 |
| t{5,3,5/2} | | | | | |
| Truncated Grand Hyperdodecahedron | | | | | |
| tr gt icosa | 1440 | 4320 | 1200 | ⬡ | 120 |
| sm st dodeca | | | 1440 | ☆ | 120 |
| t{3,5/2,5} | | | | | |
| Trunctaed Great Hypericosahedron | | | | | |
| tr tetra | 1440 | 4320 | 1200 | ⬡ | 600 |
| gt icosa | | | 2400 | △ | 120 |
| t{3,3,5/2} | | | | | |
| Truncated Grand Hypertetrahedron | | | | | |

Table 19: More Truncated Star Hypersolids

## QUASI-REGULAR STAR HYPERSOLIDS

If we continue this 'truncation' process we arrive at a second truncation for each star hypersolid, consisting of quasi-regular polyhedra from the original solid, together with the same 'truncating' polyhedron as before.

These quasi-regular star hypersolids are summarised below in Tables 20 and 21. Again these can be seen to mirror the quasi-regular hypersolids with their prismatic vertex figures as shown adjoining in Figures 20 and 21.

| Solids | V | E | F | | S |
|---|---|---|---|---|---|
| dodecadodeca | 720 | 3600 | 720 | ☆ | 120 |
| gt dodeca | | | 1440 | ⬠ | 120 |
| $t^2\{5/2,5,5/2\}$ | | | | | |
| Great Hyperdodecadodecadodecahedron | | | | | |
| dodecadodeca | 1200 | 3600 | 720 | ☆ | 120 |
| dodeca | | | 1440 | ⬠ | 120 |
| $t^2\{5/2,5,3\}$ | | | | | |
| Small Hyperdodecadodecadodecahedron | | | | | |
| gt icosidodeca | 720 | 3600 | 720 | ☆ | 120 |
| icosa | | | 2400 | △ | 120 |
| $t^2\{5/2,3,5\}$ | | | | | |
| Small Hypericosidodecicosahedron | | | | | |
| dodecadodeca | 1200 | 3600 | 720 | ⬠ | 120 |
| gt st dodeca | | | 1440 | ☆ | 120 |
| $t^2\{5,5/2,3\}$ | | | | | |
| Gt Stell Hyperdodecadodecadodecahedron | | | | | |
| gt icosidodeca | 1200 | 3600 | 720 | ☆ | 120 |
| tetra | | | 2400 | △ | 600 |
| $t^2\{5/2,3,3\}$ | | | | | |
| Great Hypericosidodecatetrahedron | | | | | |

Table 20: Quasi-Regular Star Hypersolids

$t^2\{5/2,5,5/2\}$

Great Hyperdodeca-
dodecadodecahedron

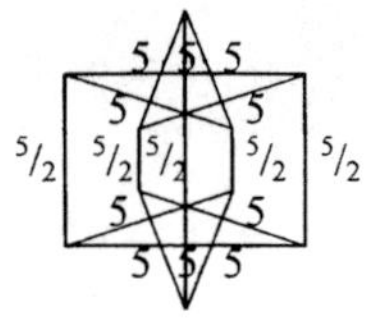

$t^2\{5/2,5,3\}$

Small Hyperdodeca-
dodecadodecahedron

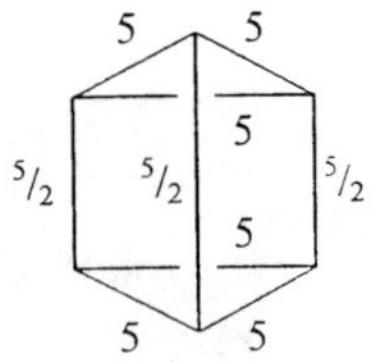

$t^2\{5/2,3,5\}$

Small Hypericosi-
dodecicosahedron

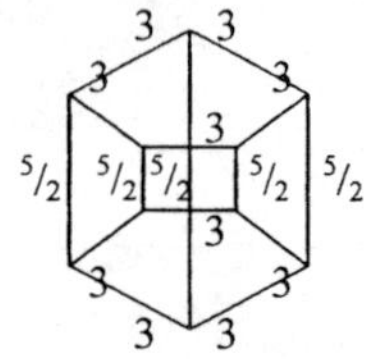

$t^2\{5,5/2,3\}$
Great Stellated
Hyperdodeca-
dodecadodecahedron

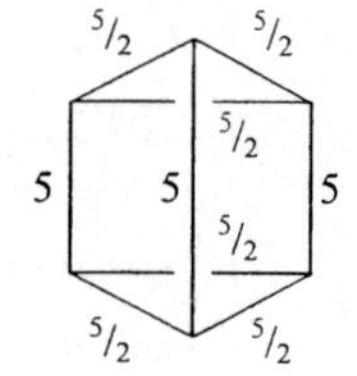

$t^2\{5/2,3,3\}$

Great Hypericosi-
dodecatetrahedron

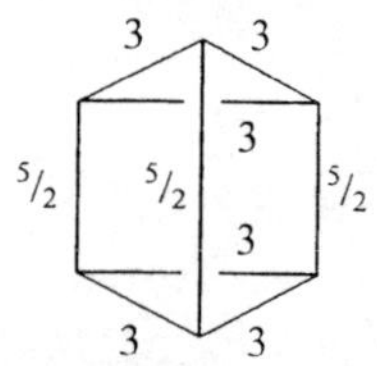

Fig.20: Quasi-Regular Star Hypersolids

Those deriving from a first truncation with a star polygon pyramidal vertex figure can be seen to have this second truncation with a star prism vertex figure.

Such vertex figures have double density, so that our sum V+F = E+S, for say the last one shown below, becomes (720x2) + ((1200x1) + (2400x1)) = (3600x1) + ((600x1) + (120x7)), i.e. 5040 = 5040.

$t^2\{5,5/2,5\}$
Small Stellated Hyperdodeca-dodecadodecahedron

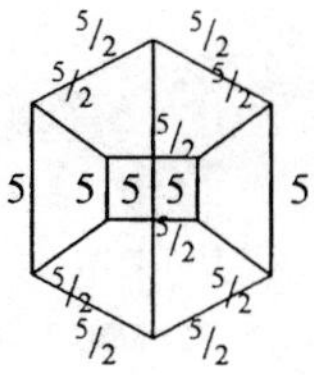


$t^2\{3,5,5/2\}$

Great Hyperdodec-icosidodecahedron

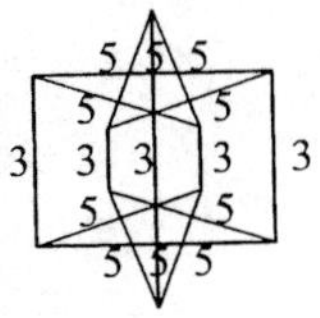


$t^2\{5,3,5/2\}$

Great Hypericosi-dodecicosahedron

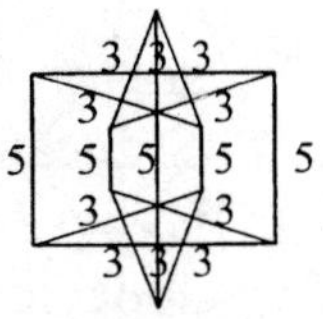


$t^2\{3,5/2,5\}$

Small Hyperdodec-icosidodecahedron

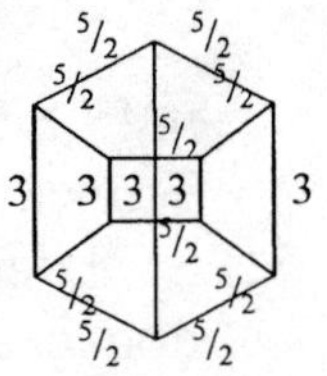


$t^2\{3,3,5/2\}$

Great Hypericosa-tetratetrahedron

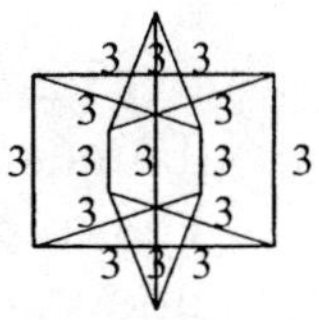


Fig.21: Quasi-Regular Star Hypersolids

| Solids | V | E | F | | S |
|---|---|---|---|---|---|
| dodecadodeca | 720 | 3600 | 720 | ⬠ | 120 |
| sm st dodeca | | | 1440 | ☆ | 120 |
| $t^2\{5,5/2,5\}$ | | | | | |
| Sm Stell Hyperdodecadodecadodecahedron | | | | | |
| icosidodeca | 720 | 3600 | 1200 | △ | 120 |
| gt dodeca | | | 1440 | ⬠ | 120 |
| $t^2\{3,5,5/2\}$ | | | | | |
| Great Hyperdodecicosidodecahedron | | | | | |
| icosidodeca | 720 | 3600 | 720 | ⬠ | 120 |
| gt icosa | | | 2400 | △ | 120 |
| $t^2\{5,3,5/2\}$ | | | | | |
| Great Hypericosidodecicosahedron | | | | | |
| gt icosidodeca | 720 | 3600 | 1200 | △ | 120 |
| sm st dodeca | | | 1440 | ☆ | 120 |
| $t^2\{3,5/2,5\}$ | | | | | |
| Small Hyperdodecicosidodecahedron | | | | | |
| octa | 720 | 3600 | 1200 | △ | 600 |
| gt icosa | | | 2400 | △ | 120 |
| $t^2\{3,3,5/2\}$ | | | | | |
| Great Hypericosatetratetrahedron | | | | | |

Table 21: Quasi-Regular Star Hypersolids

## TRUNCATED QUASI-REGULAR STAR HYPERSOLIDS

As with the regular hypersolids, we can 'truncate' these second truncation quasi-regular star hypersolids by growing new solids at their vertices.

These new truncating solids are generally prisms and lead to the results summarised below in Tables 22 and 23.

| Solids | V | E | F | S |
|---|---|---|---|---|
| tr dodecadodeca | 7200 | 14400 | 720 ⬠ | 120 |
| tr gt dodeca | | | 1440 ⬡ | 120 |
| star prism | | | 1440 ☆ | 720 |
| $tt^2\{5/2,5,5/2\}$ | | | 3600 □ | |
| Tr Great Hyperdodecadodecadodecahedron | | | | |
| tr dodecadodeca | 7200 | 14400 | 720 ⬠ | 120 |
| tr dodeca | | | 1440 ⬡ | 120 |
| triprism | | | 2400 △ | 1200 |
| $tt^2\{5/2,5,3\}$ | | | 3600 □ | |
| Tr Small Hyperdodecadodecadodecahedron | | | | |
| tr gt icosidodeca | 7200 | 14400 | 720 ⬠ | 120 |
| tr icosa | | | 2400 ⬡ | 120 |
| pentaprism | | | 1440 ⬠ | 720 |
| $tt^2\{5/2,3,5\}$ | | | 3600 □ | |
| Tr Small Hypericosidodecicosahedron | | | | |
| tr dodecadodeca | 7200 | 14400 | 720 ⬡ | 120 |
| tr gt st dodeca | | | 1440 ⬠ | 120 |
| triprism | | | 2400 △ | 1200 |
| $tt^2\{5,5/2,3\}$ | | | 3600 □ | |
| Tr Gt St Hyperdodecadodecadodecahedron | | | | |
| tr gt icosidodeca | 7200 | 14400 | 720 ⬠ | 120 |
| tr tetra | | | 2400 ⬡ | 600 |
| triprism | | | 2400 △ | 1200 |
| $tt^2\{5/2,3,3\}$ | | | 3600 □ | |
| Tr Great Hypericosidodecatetrahedron | | | | |

Table 22: Truncated Star Quasi-Regulars

$tt^2\{5/2,5,5/2\}$
Truncated Great Hyperdodeca-dodecadodecahedron

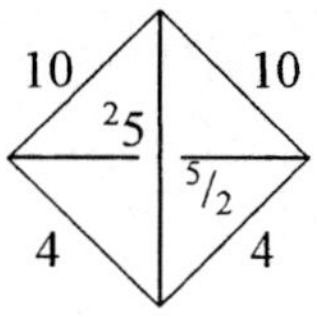


$tt^2\{5/2,5,3\}$
Truncated Small Hyperdodeca-dodecadodecahedron

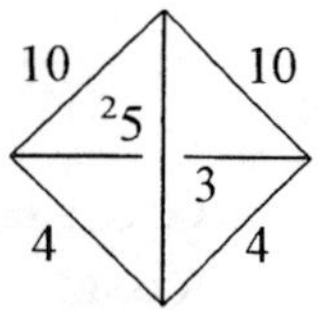


$tt^2\{5/2,3,5\}$
Truncated Small Hypericosi-dodecicosahedron

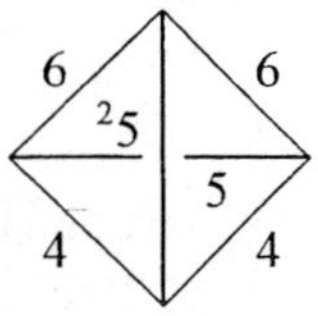


$tt^2\{5,5/2,3\}$
Truncated Great Stellated Hyperdodeca-dodecadodecahedron

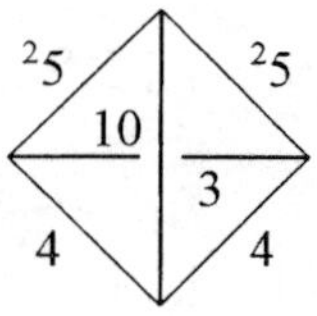


$tt^2\{5/2,3,3\}$
Truncated Great Hypericosi-dodecatetrahedron

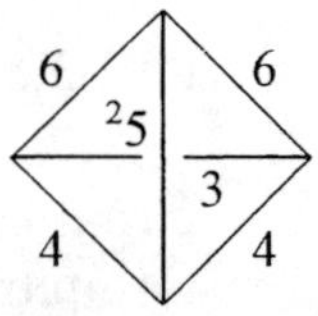


Fig.22: Truncated Star Quasi-Regulars

The vertex figures here are once again tetrahedral, as they were for the first truncation in the second series of the quasi-regular hypersolids.

Again those involving double polygons will be seen later to generate more complex vertex figures, such as where a triple dodecahedron is shown below in lieu of a truncated small stellated dodecahedron.

$tt^2\{5,5/2,5\}$
Truncated Small Stellated Hyperdodeca-dodecadodecahedron

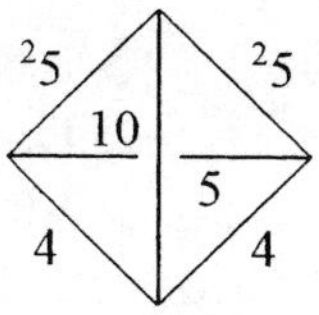


$tt^2\{3,5,5/2\}$
Truncated Great Hyperdodecicosi-dodecahedron

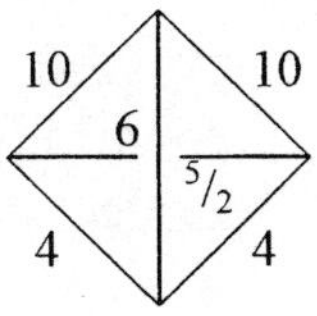


$tt^2\{5,3,5/2\}$
Truncated Great Hypericosi-dodecicosahedron

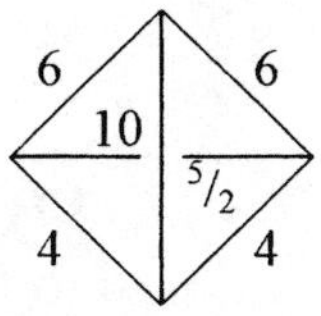


$tt^2\{3,5/2,5\}$
Truncated Small Hyperdodecicosi-dodecahedron

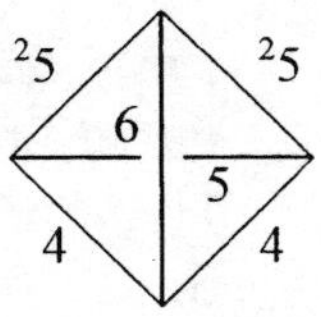


$tt^2\{3,3,5/2\}$
Truncated Great Hypericosa-tetratetrahedron

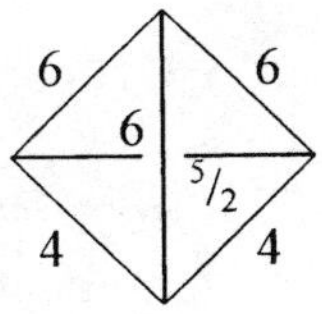


Fig.23: Truncated Star Quasi-Regulars

| Solids | V | E | F | | S |
|---|---|---|---|---|---|
| tr dodecadodeca | 7200 | 14400 | 720 | ○ | 120 |
| triple dodeca | | | 1440 | ⬠ | 120 |
| pentaprism | | | 1440 | ⬠ | 720 |
| $tt^2\{5,5/2,5\}$ | | | 3600 | □ | |
| Tr Sm St Hyperdodecadodecadodecahedron | | | | | |
| tr icosidodeca | 7200 | 14400 | 1200 | ⬡ | 120 |
| tr gt dodeca | | | 1440 | ○ | 120 |
| star prism | | | 1440 | ✯ | 720 |
| $tt^2\{3,5,5/2\}$ | | | 3600 | □ | |
| Tr Great Hyperdodecicosidodecahedron | | | | | |
| tr icosidodeca | 7200 | 14400 | 720 | ○ | 120 |
| tr gt icosa | | | 2400 | ⬡ | 120 |
| star prism | | | 1440 | ✯ | 720 |
| $tt^2\{5,3,5/2\}$ | | | 3600 | □ | |
| Tr Great Hypericosidodecicosahedron | | | | | |
| tr gt icosidodeca | 7200 | 14400 | 1200 | ⬡ | 120 |
| triple dodeca | | | 1440 | ⬠ | 120 |
| pentaprism | | | 1440 | ⬠ | 720 |
| $tt^2\{3,5/2,5\}$ | | | 3600 | □ | |
| Tr Small Hyperdodecicosidodecahedron | | | | | |
| tr octa | 7200 | 14400 | 1200 | ⬡ | 600 |
| tr gt icosa | | | 2400 | ⬡ | 120 |
| star prism | | | 1440 | ✯ | 720 |
| $tt^2\{3,3,5/2\}$ | | | 3600 | □ | |
| Tr Great Hypericosatetratetrahedron | | | | | |

Table 23: Truncated Star Quasi-Regulars

## RHOMBITRUNCATED STAR HYPERSOLIDS

Continuing this second series of truncations there is for each family one further semi-regular member as described below in Tables 24 and 25.

These all have distorted triangular prism vertex figures as did the equivalent members of the closepack and regular hypersolid symmetry families.

| Solids | V | E | F | S |
|---|---|---|---|---|
| rhdodecadodeca | 3600 | 10800 | 720 ☆ | 120 |
| dodecadodeca | | | 1440 ⬠ | 120 |
| star prism | | | 1440 ☆ | 720 |
| $t^2t^2\{5/2,5,5/2\}$ | | | 3600 □ | |
| Gt Hyperhombidodecadodecadodecahedron | | | | |
| rhdodecadodeca | 3600 | 10800 | 720 ☆ | 120 |
| icosidodeca | | | 1440 ⬠ | 120 |
| triprism | | | 2400 △ | 1200 |
| $t^2t^2\{5/2,5,3\}$ | | | 3600 □ | |
| S Hyperhombidodecadodecadodecahedron | | | | |
| gt rhicosidodeca | 3600 | 10800 | 720 ☆ | 120 |
| icosidodeca | | | 2400 △ | 120 |
| pentaprism | | | 1440 ⬠ | 720 |
| $t^2t^2\{5/2,3,5\}$ | | | 3600 □ | |
| Small Hyperhombicosidodecicosahedron | | | | |
| rhdodecadodeca | 3600 | 10800 | 720 ⬠ | 120 |
| gt icosidodeca | | | 1440 ☆ | 120 |
| triprism | | | 2400 △ | 1200 |
| $t^2t^2\{5,5/2,3\}$ | | | 3600 □ | |
| Gt St Hyperh.dodecadodecadodecahedron | | | | |
| gt rhicosidodeca | 3600 | 10800 | 720 ☆ | 120 |
| octa | | | 2400 △ | 600 |
| triprism | | | 2400 △ | 1200 |
| $t^2t^2\{5/2,3,3\}$ | | | 3600 □ | |
| Great Hyperhombicosidodecatetrahedron | | | | |

Table 24: Rhombi Star Hypersolids

$t^2t^2\{5/2,5,5/2\}$
Great Hyperhombi-dodecadodeca-dodecahedron

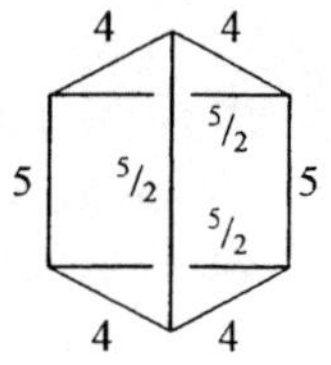


$t^2t^2\{5/2,5,3\}$
Small Hyperhombi-dodecadodeca-dodecahedron

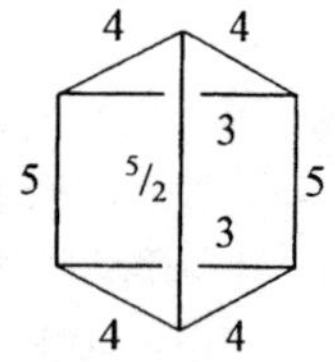


$t^2t^2\{5/2,3,5\}$

Small Hyperhomb-icosidodecicosahedron

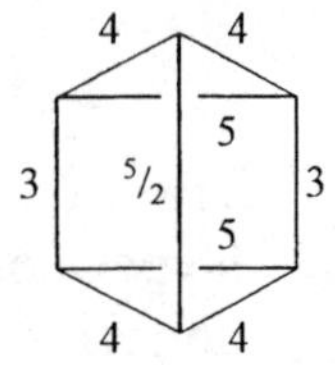


$t^2t^2\{5,5/2,3\}$
Great Stellated Hyperhombidodeca-dodecadodecahedron

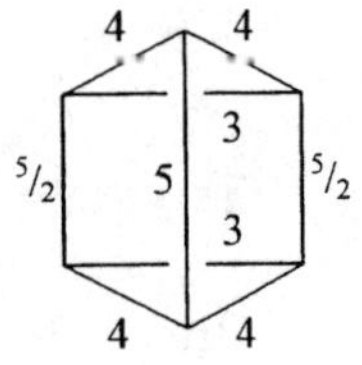


$t^2t^2\{5/2,3,3\}$

Great Hyperhomb-icosidodecatetrahedron

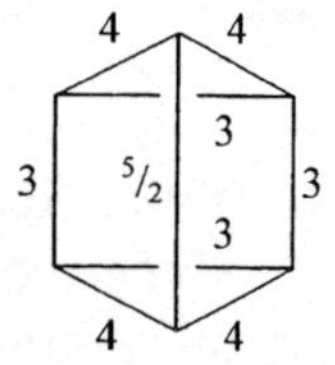


Fig.24: Rhombitruncated Star Hypersolids

Each prismatic vertex figure consists of two triangular faces representing the truncating prisms, two trapezoid faces of a rhombi polyhedron and one rectangular face of a quasi-regular polyhedron as shown.

$t^2t^2\{5,5/2,5\}$
Small Stellated Hyperhombidodeca-dodecadodecahedron

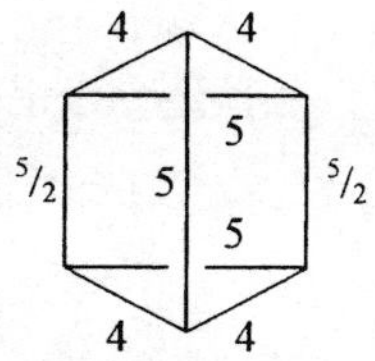


$t^2t^2\{3,5,5/2\}$
Great Hyperhombi-dodecicosidodecahedron

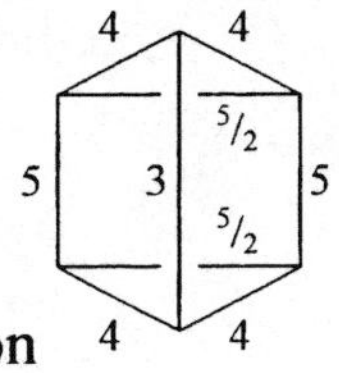


$t^2t^2\{5,3,5/2\}$
Great Hyperhomb-icosidodecicosahedron

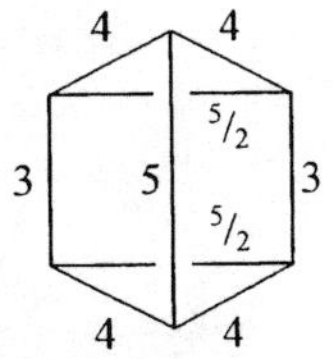


$t^2t^2\{3,5/2,5\}$
Small Hyperhombi-dodecicosidodecahedron

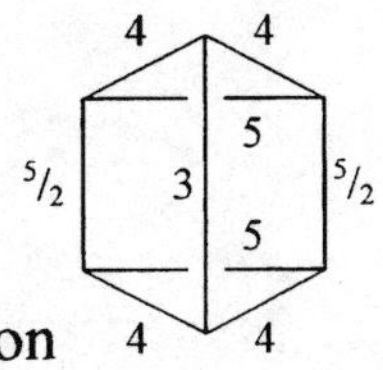


$t^2t^2\{3,3,5/2\}$
Great Hyperhomb-icosatetratetrahedron

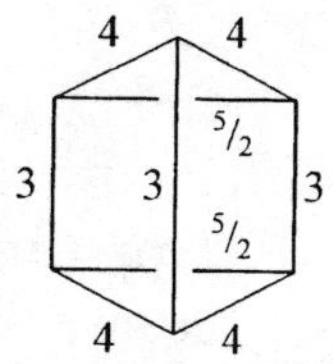


Fig.25: Rhombitruncated Star Hypersolids

| Solids | V | E | F | | S |
|---|---|---|---|---|---|
| rhdodecadodeca | 3600 | 10800 | 720 | ⬠ | 120 |
| dodecadodeca | | | 1440 | ☆ | 120 |
| pentaprism | | | 1440 | ⬠ | 720 |
| $t^2t^2\{5,5/2,5\}$ | | | 3600 | □ | |
| Sm St Hyperh.dodecadodecadodecahedron | | | | | |
| rhicosidodeca | 3600 | 10800 | 1200 | △ | 120 |
| dodecadodeca | | | 1440 | ⬠ | 120 |
| star prism | | | 1440 | ☆ | 720 |
| $t^2t^2\{3,5,5/2\}$ | | | 3600 | □ | |
| Great Hyperhombidodecicosidodecahedron | | | | | |
| rhicosidodeca | 3600 | 10800 | 720 | ⬠ | 120 |
| gt icosidodeca | | | 2400 | △ | 120 |
| star prism | | | 1440 | ☆ | 720 |
| $t^2t^2\{5,3,5/2\}$ | | | 3600 | □ | |
| Great Hyperhombicosidodecicosahedron | | | | | |
| gt rhicosidodeca | 3600 | 10800 | 1200 | △ | 120 |
| dodecadodeca | | | 1440 | ☆ | 120 |
| pentaprism | | | 1440 | ⬠ | 720 |
| $t^2t^2\{3,5/2,5\}$ | | | 3600 | □ | |
| Small Hyperhombidodecicosidodecahedron | | | | | |
| cubocta | 3600 | 10800 | 1200 | △ | 600 |
| gt icosidodeca | | | 2400 | △ | 120 |
| star prism | | | 1440 | ☆ | 720 |
| $t^2t^2\{3,3,5/2\}$ | | | 3600 | □ | |
| Great Hyperhombicosatetratetrahedron | | | | | |

Table 25: Rhombi Star Hypersolids

## EVEN FACED STAR HYPERSOLIDS

Carrying through our original truncation process to a third truncation as we did for the closepacks and regular hypersolids we arrive at the centre member of each first series, consisting entirely of truncated polyhedra of one sort or another. Again there is only one of these 'even-faced' hypersolids per series, a total of six, as shown below in Figure 26 and described in Table 26.

| Solids | V | E | F | | S |
|---|---|---|---|---|---|
| tr gt dodeca | 3600 | 7200 | 720 | ☆ | 120 |
| tr gt dodeca | | | 1440 | ○ | 120 |
| $t^3\{5/2,5,5/2\}$ | | | 720 | ☆ | |
| Great Hypertruncated Dodecadodecahedron | | | | | |
| triple dodeca | 3600 | 7200 | 720 | ⬠ | 120 |
| triple dodeca | | | 1440 | ⬟ | 120 |
| $t^3\{5,5/2,5\}$ | | | 720 | ⬠ | |
| Sm St Hypertruncated Dodecadodecahedron | | | | | |
| tr gt dodeca | 3600 | 7200 | 720 | ☆ | 120 |
| tr dodeca | | | 1440 | ○ | 120 |
| $t^3\{5/2,5,3\} = t^3\{3,5,5/2\}$ | | | 1200 | △ | |
| Small Hypertruncated Dodecadodecahedron | | | | | |
| tr gt icosa | 3600 | 7200 | 720 | ☆ | 120 |
| tr icosa | | | 2400 | ○ | 120 |
| $t^3\{5/2,3,5\} = t^3\{5,3,5/2\}$ | | | 720 | ⬠ | |
| Great Hypertruncated Icosicosahedron | | | | | |
| triple dodeca | 3600 | 7200 | 720 | ⬠ | 120 |
| tr gt st dodeca | | | 1440 | ⬟ | 120 |
| $t^3\{5,5/2,3\} = t^3\{3,5/2,5\}$ | | | 1200 | △ | |
| Gt St Hypertruncated Dodecadodecahedron | | | | | |
| tr gt icosa | 3600 | 7200 | 720 | ☆ | 120 |
| tr tetra | | | 2400 | ○ | 600 |
| $t^3\{5/2,3,3\} = t^3\{3,3,5/2\}$ | | | 1200 | △ | |
| Great Hypertruncated Icosatetrahedron | | | | | |

Table 26: Even Faced Star Hypersolids

$t^3\{5/2,5,5/2\}$
Great
Hypertruncated
Dodecadodecahedron

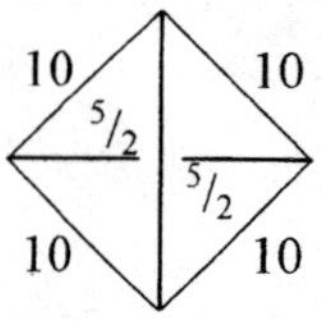


$t^3\{5,5/2,5\}$
Small Stellated
Hypertruncated
Dodecadodecahedron

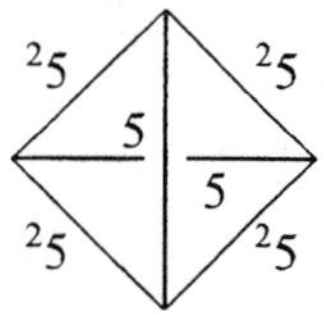


$t^3\{5/2,5,3\} = t^3\{3,5,5/2\}$
Small
Hypertruncated
Dodecadodecahedron

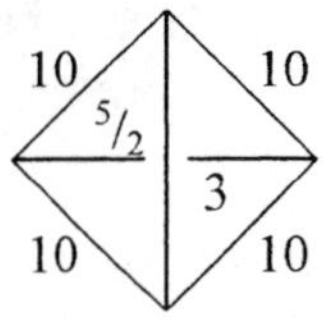


$t^3\{5/2,3,5\} = t^3\{5,3,5/2\}$
Great
Hypertruncated
Icosicosahedron

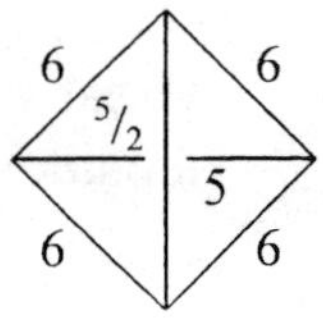


$t^3\{5,5/2,3\} = t^3\{3,5/2,5\}$
Great Stellated
Hypertruncated
Dodecadodecahedron

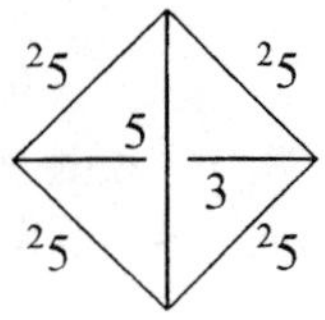


$t^3\{5/2,3,3\} = t^3\{3,3,5/2\}$
Great
Hypertruncated
Icosatetrahedron

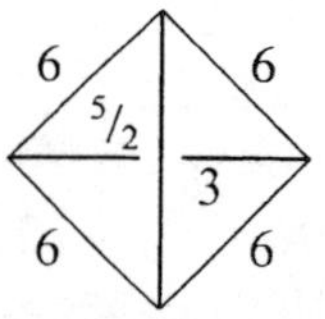


Fig.26: Even Faced Star Hypersolids

| | |
|---|---|
| sm st dodeca | — |
| triple dodeca | gt dodeca |
| dodecadodeca | gt dodeca |
| tr gt dodeca | tr gt dodeca |
| gt dodeca | dodecadodeca |
| gt dodeca | triple dodeca |
| — | sm st dodeca |

{5/2,5,5/2} First Series

| | | |
|---|---|---|
| dodecadodeca | gt dodeca | — |
| tr dodecadodeca | tr gt dodeca | starprism |
| rh dodecadodeca | dodecadodeca | starprism |

{5/2,5,5/2} Second Series

The two self-dual star hypersolid families shown here in Table 27 are complemented by a further four dual pair star hypersolid families as shown overleaf in Table 28.

Whilst the self-dual series have only one second series each, the dual pair series each consist of a first series of truncations for each symmetry family along with two short second series since each end of the first series is different.

| | |
|---|---|
| gt dodeca | — |
| tr gt dodeca | sm st dodeca |
| dodecadodeca | sm st dodeca |
| triple dodeca | triple dodeca |
| sm st dodeca | dodecadodeca |
| sm st dodeca | tr gt dodeca |
| — | gt dodeca |

{5,5/2,5} First Series

| | | |
|---|---|---|
| dodecadodeca | sm st dodeca | — |
| tr dodecadodeca | triple dodeca | pentaprism |
| rh dodecadodeca | dodecadodeca | pentaprism |

{5,5/2,5} Second Series

Table 27: Self-Dual Star Hypersolid Series

| | |
|---|---|
| sm st dodeca | — |
| triple dodeca | dodeca |
| dodecadodeca | dodeca |
| tr gt dodeca | tr dodeca |
| gt dodeca | icosidodeca |
| gt dodeca | tr icosa |
| — | icosa |

{5/2,5,3} {3,5,5/2} First Series

| | | |
|---|---|---|
| dodecadodeca | dodeca | — |
| tr dodecadodeca | tr dodeca | triprism |
| rh dodecadodeca | icosidodeca | triprism |

| | | |
|---|---|---|
| gt dodeca | icosidodeca | — |
| tr gt dodeca | tr icosidodeca | starprism |
| dodecadodeca | rh icosidodeca | starprism |

{5/2,5,3} {3,5,5/2} Second Series

| | |
|---|---|
| gt st dodeca | — |
| tr gt st dodeca | icosa |
| gt icosidodeca | icosa |
| tr gt icosa | tr icosa |
| gt icosa | icosidodeca |
| gt icosa | tr dodeca |
| — | dodeca |

{5/2,3,5} {5,3,5/2} First Series

| | | |
|---|---|---|
| gt icosidodeca | icosa | — |
| tr gt icosidodeca | tr icosa | pentaprism |
| gt rh icosidodeca | icosidodeca | pentaprism |

| | | |
|---|---|---|
| gt icosa | icosidodeca | — |
| tr gt icosa | tr icosidodeca | starprism |
| gt icosidodeca | rh icosidodeca | starprism |

{5/2,3,5} {5,3,5/2} Second Series

Table 28: Dual Pair Star Hypersolid Series

| | |
|---|---|
| gt icosa | — |
| tr gt icosa | sm st dodeca |
| gt icosidodeca | sm st dodeca |
| tr gt st dodeca | triple dodeca |
| gt st dodeca | dodecadodeca |
| gt st dodeca | tr gt dodeca |
| — | gt dodeca |

{3,5/2,5} {5,5/2,3} First Series

| | | |
|---|---|---|
| gt icosidodeca | sm st dodeca | — |
| tr gt icosidodeca | triple dodeca | pentaprism |
| gt rh icosidodeca | dodecadodeca | pentaprism |

| | | |
|---|---|---|
| gt st dodeca | dodecadodeca | — |
| tr gt st dodeca | tr dodecadodeca | triprism |
| gt icosidodeca | rh dodecadodeca | triprism |

{3,5/2,5} {5,5/2,3} Second Series

| | |
|---|---|
| gt st dodeca | — |
| tr gt st dodeca | tetra |
| gt icosidodeca | tetra |
| tr gt icosa | tr tetra |
| gt icosa | octa |
| gt icosa | tr tetra |
| — | tetra |

{5/2,3,3} {3,3,5/2} First Series

| | | |
|---|---|---|
| gt icosidodeca | tetra | — |
| tr gt icosidodeca | tr tetra | triprism |
| gt rh icosidodeca | octa | triprism |

| | | |
|---|---|---|
| gt icosa | octa | — |
| tr gt icosa | tr octa | starprism |
| gt icosidodeca | cubocta | starprism |

{5/2,3,3} {3,3,5/2} Second Series

## ODD STAR HYPERSOLIDS

As with the regular hypersolids we can find, beyond the truncation series, further odd hypersolids for the star families, the first of which are described below in Table 29.

| Solids | V | E | F | S |
|---|---|---|---|---|
| tr dodecadodeca | 7200 | 28800 | 1440 ⬠ | 120 |
| tr dodecadodeca | | | 1440 ○ | 120 |
| double pentaprism | | | 1440 ⬠ | 720 |
| double pentaprism | | | 10800 □ | 720 |
| o{5/2,5,5/2} | | | | |
| tr dodecadodeca | 7200 | 28800 | 1440 ○ | 120 |
| tr dodecadodeca | | | 1440 ⬠ | 120 |
| decaprism | | | 1440 ○ | 720 |
| decaprism | | | 10800 □ | 720 |
| o{5,5/2,5} | | | | |
| tr dodecadodeca | 7200 | 28800 | 2400 ⬡ | 120 |
| tr icosidodeca | | | 1440 ○ | 120 |
| hexaprism | | | 1440 ⬠ | 1200 |
| double pentaprism | | | 10800 □ | 720 |
| o{5/2,5,3} = o{3,5,5/2} | | | | |
| tr gt icosidodeca | 7200 | 28800 | 1440 ○ | 120 |
| tr icosidodeca | | | 2400 ⬡ | 120 |
| decaprism | | | 1440 ⬠ | 720 |
| double pentaprism | | | 10800 □ | 720 |
| o{5/2,3,5} = o{5,3,5/2} | | | | |
| tr dodecadodeca | 7200 | 28800 | 2400 ⬡ | 120 |
| tr gt icosidodeca | | | 1440 ⬠ | 120 |
| hexaprism | | | 1440 ○ | 1200 |
| decaprism | | | 10800 □ | 720 |
| o{5,5/2,3} = o{3,5/2,5} | | | | |
| tr gt icosidodeca | 7200 | 28800 | 2400 ⬡ | 120 |
| tr octa | | | 2400 ⬡ | 600 |
| hexaprism | | | 1440 ⬠ | 1200 |
| double pentaprism | | | 10800 □ | 720 |
| o{5/2,3,3} = o{3,3,5/2} | | | | |

Table 29: Odd Star Hypersolids

o{5/2,5,5/2}
Truncated Great Hyperdodeca-dodecadodecaprism

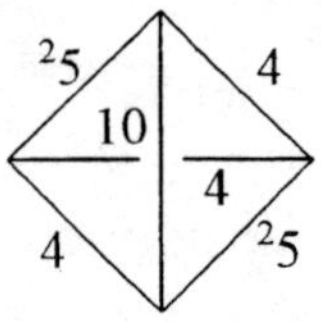


o{5,5/2,5}
Truncated Small Stellated Hyperdodeca-dodecadodecaprism

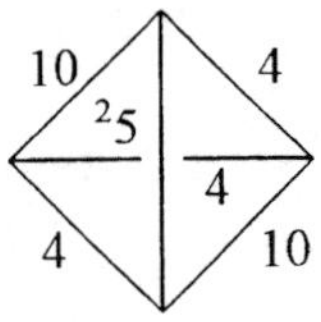


o{5/2,5,3} = o{3,5,5/2}
Truncated Small Hyperdodeca-dodecadodecaprism

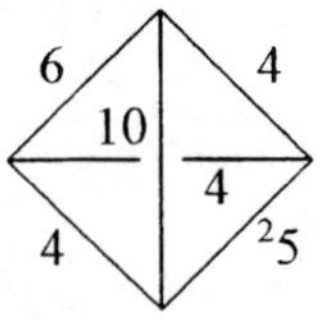


o{5/2,3,5} = o{5,3,5/2}
Truncated Great Hypericosi-dodecicosaprism

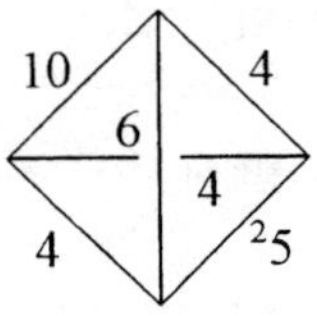


o{5,5/2,3} = o{3,5/2,5}
Truncated Great Stellated Hyperdodeca-dodecadodecaprism

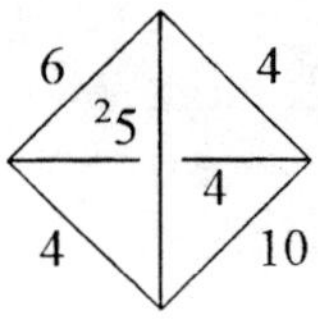


o{5/2,3,3} = o{3,3,5/2}
Truncated Great Hypericosi-dodecatetraprism

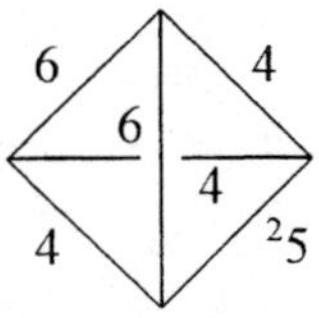


Fig.27: Odd Star Hypersolids

## THIRD ODD STAR HYPERSOLIDS

There is also a second set of ten odd star hypersolids as shown overleaf, plus a third set of six, consisting of the parent polyhedra and prisms, as shown below in Table 30.

| Solids | V | E | F | S |
|---|---|---|---|---|
| sm st dodeca | 1440 | 7200 | 1440 ☆ | 120 |
| sm st dodeca | | | 1440 ☆ | 120 |
| starprism | | | 3600 □ | 720 |
| starprism | | | | 720 |
| $o^3\{5/2,5,5/2\}$ | | | | |
| gt dodeca | 1440 | 7200 | 1440 ⬠ | 120 |
| gt dodeca | | | 1440 ⬠ | 120 |
| pentaprism | | | 3600 □ | 720 |
| pentaprism | | | | 720 |
| $o^3\{5,5/2,5\}$ | | | | |
| icosa | 1440 | 7200 | 2400 △ | 120 |
| sm st dodeca | | | 1440 ☆ | 120 |
| triprism | | | 3600 □ | 1200 |
| starprism | | | | 720 |
| $o^3\{5/2,5,3\} = o^3\{3,5,5/2\}$ | | | | |
| dodeca | 2400 | 7200 | 1440 ⬠ | 120 |
| gt st dodeca | | | 1440 ☆ | 120 |
| pentaprism | | | 3600 □ | 720 |
| starprism | | | | 720 |
| $o^3\{5/2,3,5\} = o^3\{5,3,5/2\}$ | | | | |
| gt icosa | 1440 | 7200 | 2400 △ | 120 |
| gt dodeca | | | 1440 ⬠ | 120 |
| triprism | | | 3600 □ | 1200 |
| pentaprism | | | | 720 |
| $o^3\{5,5/2,3\} = o^3\{3,5/2,5\}$ | | | | |
| tetra | 2400 | 7200 | 2400 △ | 600 |
| gt st dodeca | | | 1440 ☆ | 120 |
| triprism | | | 3600 □ | 1200 |
| starprism | | | | 720 |
| $o^3\{5/2,3,3\} = o^3\{3,3,5/2\}$ | | | | |

Table 30: More Odd Star Hypersolids

$o^3\{5/2,5,5/2\}$
Small Stellated Hyperdodeca-dodecaprism

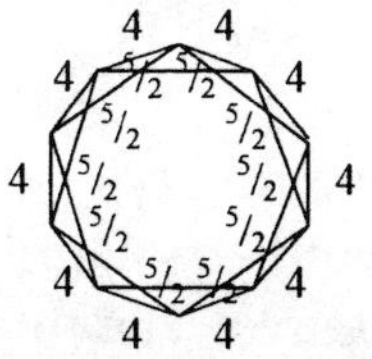

$o^3\{5,5/2,5\}$
Great Hyperdodeca-dodecaprism

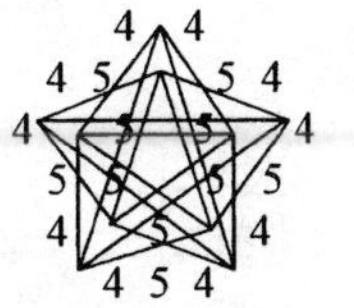

$o^3\{5/2,5,3\}$
$= o^3\{3,5,5/2\}$
Small Stellated Hyperdodec-icosaprism

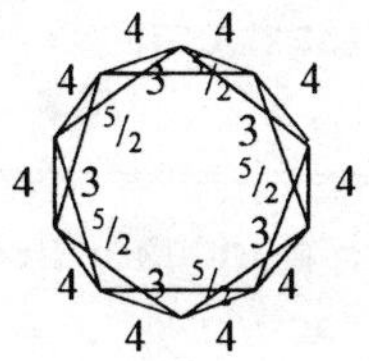

$o^3\{5/2,3,5\}$
$= o^3\{5,3,5/2\}$
Great Stellated Hyperdodeca-dodecaprism

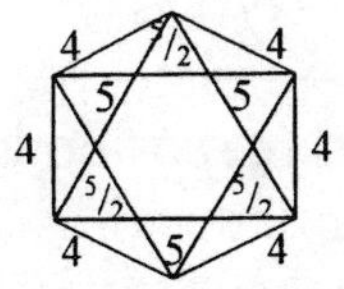

$o^3\{5,5/2,3\}$
$= o^3\{3,5/2,5\}$
Great Hyperdodec-icosaprism

$o^3\{5/2,3,3\}$
$= o^3\{3,3,5/2\}$
Great Stellated Hyperdodeca-tetraprism

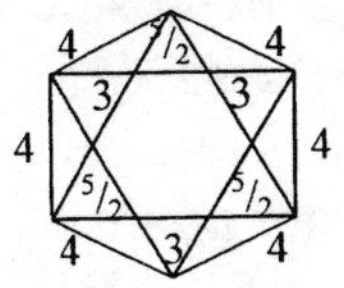

Fig.28: More Odd Star Hypersolids

## RHOMBIPRISM STAR HYPERSOLIDS

The odd star hypersolids mirror exactly those found for the closepacks and regular hypersolids.

The first type has six members, one per symmetry family, all with tetrahedral vertex figures. The third type, as we have just seen also has six members, all with antiprisms for vertex figures.

| Solids | V | E | F | | S |
|---|---|---|---|---|---|
| rh dodecadodeca | 7200 | 18000 | 1440 | ☆ | 120 |
| triple dodeca | | | 1440 | ⬠ | 120 |
| double pentaprism | | | 1440 | ⬠ | 720 |
| star prism | | | 7200 | □ | 720 |
| $o^2\{5/2,5,5/2\}$ | | | | | |
| rh dodecadodeca | 7200 | 18000 | 1440 | ☆ | 120 |
| tr icosa | | | 1440 | ⬠ | 120 |
| hexaprism | | | 2400 | ⬡ | 1200 |
| star prism | | | 7200 | □ | 720 |
| $o^2\{5/2,5,3\}$ | | | | | |
| gt rh icosidodeca | 7200 | 18000 | 1440 | ☆ | 120 |
| tr dodeca | | | 2400 | △ | 120 |
| decaprism | | | 1440 | ○ | 720 |
| star prism | | | 7200 | □ | 720 |
| $o^2\{5/2,3,5\}$ | | | | | |
| rh dodecadodeca | 7200 | 18000 | 1440 | ⬠ | 120 |
| tr gt icosa | | | 1440 | ☆ | 120 |
| hexaprism | | | 2400 | ⬡ | 1200 |
| pentaprism | | | 7200 | □ | 720 |
| $o^2\{5,5/2,3\}$ | | | | | |
| gt rh icosidodeca | 7200 | 18000 | 1440 | ☆ | 120 |
| tr tetra | | | 2400 | △ | 600 |
| hexaprism | | | 2400 | ⬡ | 1200 |
| star prism | | | 7200 | □ | 720 |
| $o^2\{5/2,3,3\}$ | | | | | |

Table 31: Rhombiprism Star Hypersolids

$o^2\{5/2,5,5/2\}$
Great Hyperhombi-dodecadodeca-dodecaprism

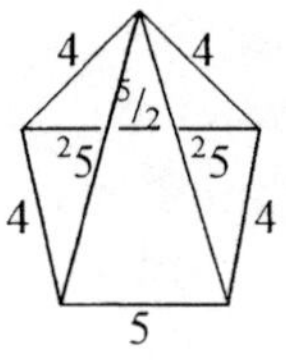


$o^2\{5/2,5,3\}$
Small Hyperhombi-dodecadodeca-dodecaprism

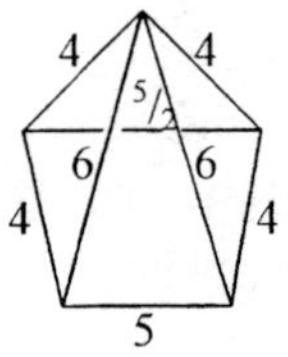


$o^2\{5/2,3,5\}$

Small Hyperhomb-icosidodecicosaprism

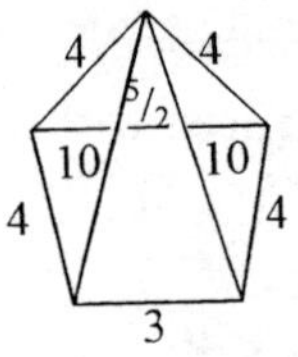


$o^2\{5,5/2,3\}$
Great Stellated Hyperhombidodeca-dodecadodecaprism

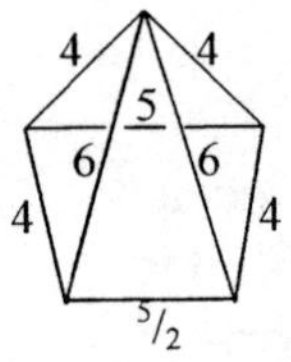


$o^2\{5/2,3,3\}$

Great Hyperhomb-icosidodecatetraprism

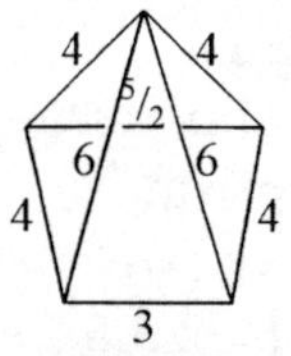


Fig.29: Rhombiprism Star Hypersolids

The second rhombiprism type, has ten star members, one per parent star hypersolid. These are described below in Tables 31 and 32, their trapezoid pyramid vertex figures shown adjoining in Figures 29 and 30.

We have now exhausted the parallels with the closepacks and regular hypersolids and will need to look at quasitruncation to find further new semi-regular forms.

$o^2\{5,5/2,5\}$
Small Stellated Hyperhombidodeca-dodecadodecaprism

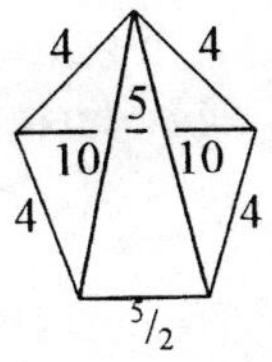


$o^2\{3,5,5/2\}$

Great Hyperhombi-dodecicosidodecaprism

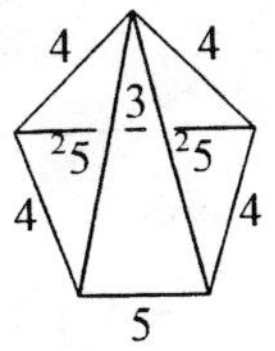


$o^2\{5,3,5/2\}$

Great Hyperhomb-icosidodecicosaprism

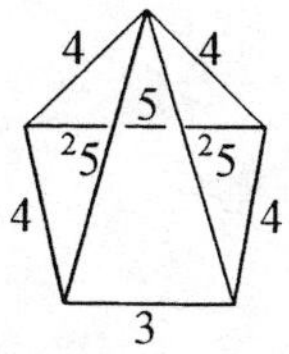


$o^2\{3,5/2,5\}$

Small Hyperhombi-dodecicosidodecaprism

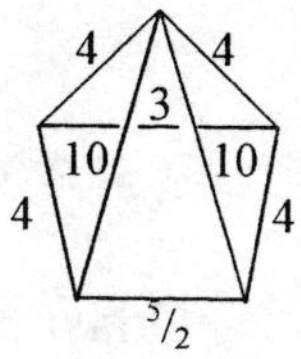


$o^2\{3,3,5/2\}$

Great Hyperhomb-icosatetratetraprism

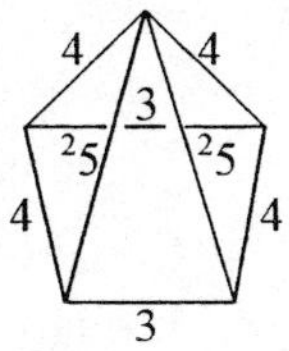


Fig.30: Rhombiprism Star Hypersolids

| Solids | V | E | F | | S |
|---|---|---|---|---|---|
| rh dodecadodeca | 7200 | 18000 | 1440 | ⬠ | 120 |
| tr gt dodeca | | | 1440 | ☆ | 120 |
| decaprism | | | 1440 | ○ | 720 |
| pentaprism | | | 7200 | □ | 720 |
| $o^2\{5,5/2,5\}$ | | | | | |
| rh icosidodeca | 7200 | 18000 | 2400 | △ | 120 |
| triple dodeca | | | 1440 | ⬠ | 120 |
| double pentaprism | | | 1440 | ⬠ | 720 |
| triprism | | | 7200 | □ | 1200 |
| $o^2\{3,5,5/2\}$ | | | | | |
| rh icosidodeca | 7200 | 18000 | 1440 | ⬠ | 120 |
| tr gt st dodeca | | | 2400 | △ | 120 |
| double pentaprism | | | 1440 | ⬠ | 720 |
| pentaprism | | | 7200 | □ | 720 |
| $o^2\{5,3,5/2\}$ | | | | | |
| gt rh icosidodeca | 7200 | 18000 | 2400 | △ | 120 |
| tr gt dodeca | | | 1440 | ☆ | 120 |
| decaprism | | | 1440 | ○ | 720 |
| triprism | | | 7200 | □ | 1200 |
| $o^2\{3,5/2,5\}$ | | | | | |
| cubocta | 7200 | 18000 | 2400 | △ | 600 |
| tr gt st dodeca | | | 2400 | △ | 120 |
| double pentaprism | | | 1440 | ⬠ | 720 |
| triprism | | | 7200 | □ | 1200 |
| $o^2\{3,3,5/2\}$ | | | | | |

Table 32: Rhombiprism Star Hypersolids

## QUASITRUNCATED HYPERSOLIDS

We saw in the previous volume'*Closepacks & Quasi-Closepacks*' that we could produce quasitruncated closepacks by substituting quasitruncated polyhedra for truncated ones in the various assemblies of polyhedra.

The same holds true for the hypersolids, and accordingly we shall now examine the many possibilities that present themselves. We will continue to show these complex assemblies by illustrating their vertex figures, but will no longer include tables showing the numbers of vertices, edges, faces and solids, since these parallel the straightforward truncated versions.

Quasitruncated polyhedra themselves were considered in the earlier volumes '*The Simpler? Polyhedra*' and '*The Star & Cross Polyhedra*', and are themselves formed by substituting quasitruncated polygons for truncated ones within the various truncation series for the polyhedra.

Quasitruncated polygons are essentially the truncations of inverse polygons. Thus a triangle {3} truncates to a hexagon {6}, but quasitruncates to a double triangle $\{^{2}3\}$, this being the truncation of {3/2} or {3'}, the inverse of {3}.

We thus have t{3} = {6}
t{4} = {8}
t{5} = {10}
and for stars t{5/2} = $\{^{2}5\}$,
with the quasitruncations given by
t{3'} = t{3/2} = $\{^{2}3\}$
t{4'} = t{4/3} = {8/3}
t{5'} = t{5/4} = $\{^{2}5/2\}$
and t{5/2'} = t{5/3} = {10/3}.

The first truncation of each regular hypersolid has an equivalent quasitruncation as shown adjoining in Figure 31.

t{3',3,3}

Quasitruncated
Hypertetrahedron

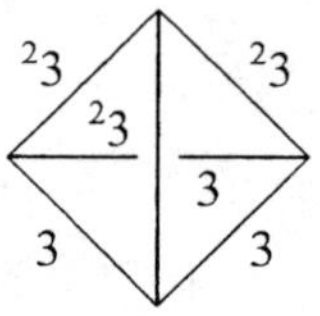


t{3',4,3}

Quasitruncated
Hyperoctahedron

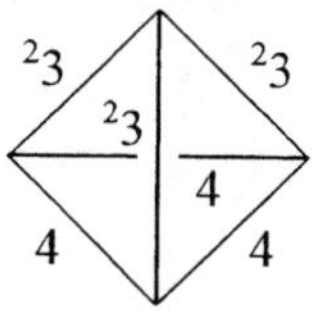


t{4',3,3}

Quasitruncated
Hypercube

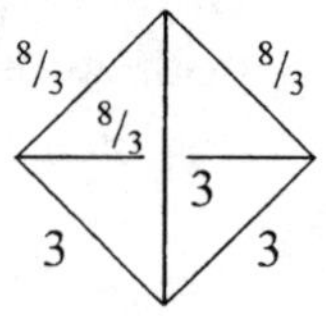


t{3',3,4}

Quasitruncated
Octahypertetrahedron

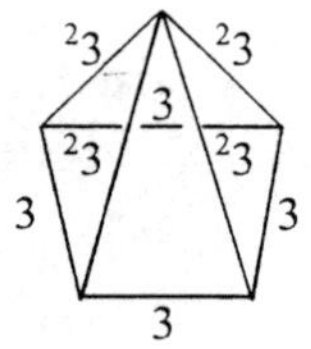


t{5',3,3}

Quasitruncated
Hyperdodecahedron

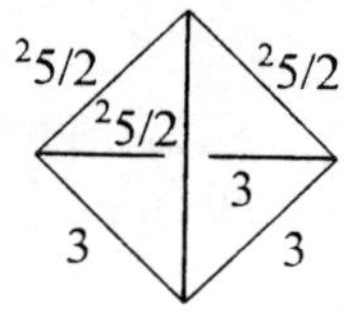


t{3',3,5}

Quasitruncated
Icosahypertetrahedron

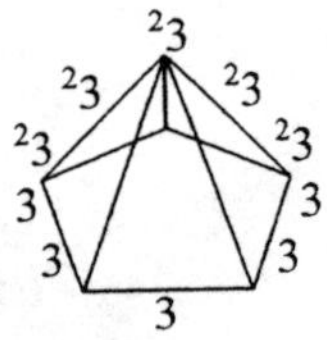


Fig.31: Quasitruncated Hypersolids

## EVEN FACED QUASITRUNCATIONS

Substituting quasitruncated polyhedra in the centre member of each first series of truncations, we obtain a set of even faced quasitruncations, one per symmetry family. The vertex figures for these are shown below in Figure 32, along with one where only half the polyhedra are quasitruncated.

$t'^{3}\{4,3,3\} = t'^{3}\{3,3,4\}$
Hyperhemi-quasitruncated Octetrahedron

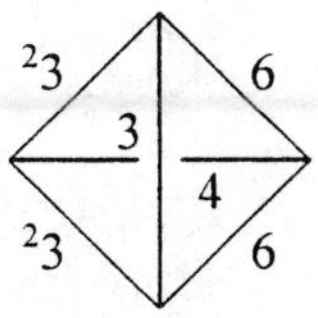


$t^{3}\{3,3',3\}$

Hyperquasitruncated Tetrahedron

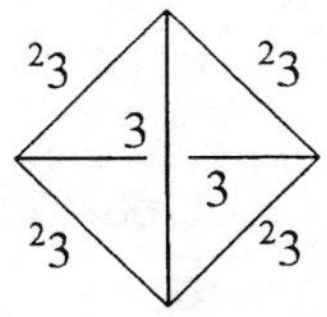


$t^{3}\{3,4',3\}$

Hyperquasitruncated Cube

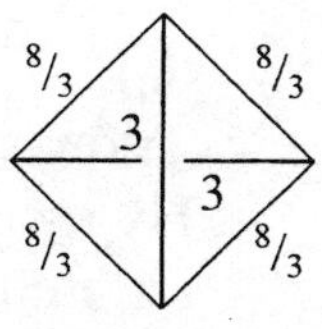


$t^{3}\{4,3',3\} = t^{3}\{3,3',4\}$

Hyperquasitruncated Octetrahedron

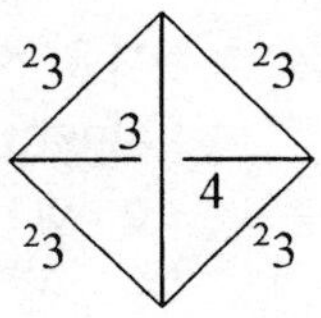


$t^{3}\{5,3',3\} = t^{3}\{3,3',5\}$

Hyperquasitruncated Icosatetrahedron

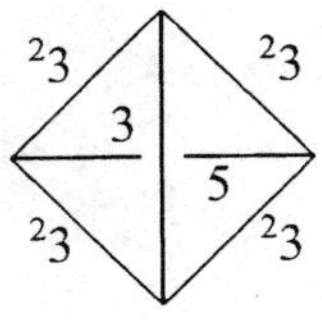


Fig.32: Even Faced Quasitruncations

$tt^{2}\{3,3',3\}$

Triquasitruncated Hypertetratetrahedron

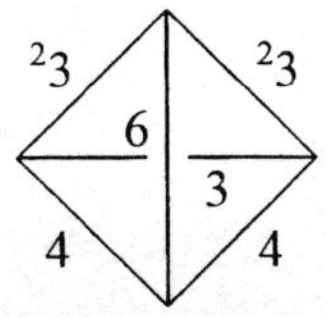


$tt^{2}\{3',3,3\}$

Quasitruncated Hypertetratetrahedron

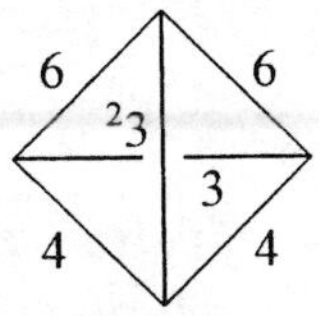


$tt^{2}\{3',3',3\}$

Quasiquasitruncated Hypertetratetrahedron

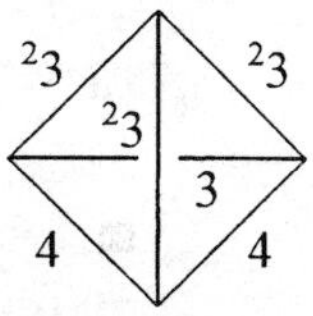


$tt^{2}\{3,4',3\}$

Tetraquasitruncated Hypercuboctahedron

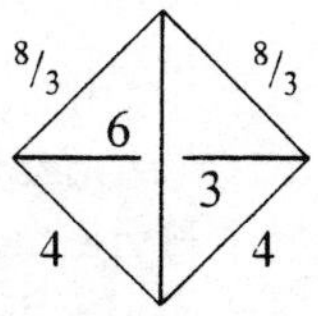


$tt^{2}\{3',4,3\}$

Triquasitruncated Hypercuboctahedron

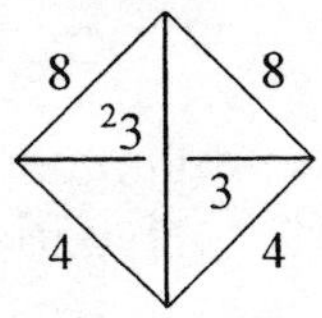


$tt^{2}\{3',4',3\}$

Quasiquasitruncated Hypercuboctahedron

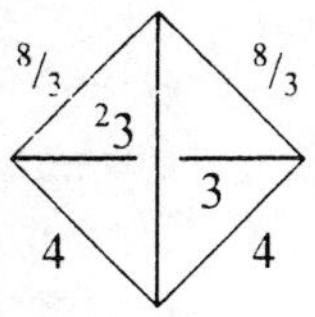


Fig.33: Second Series Quasitruncations

$tt^2\{4,3',3\}$

Triquasitruncated
Hypercuboctetrahedron

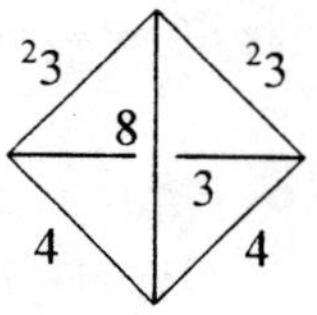


$tt^2\{3,3',4\}$

Triquasitruncated
Hyperoctahedron

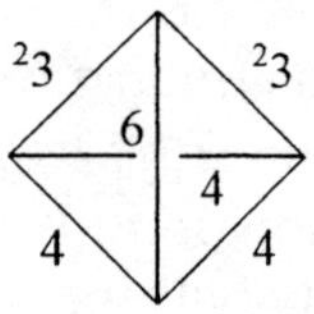


$tt^2\{4',3,3\}$

Tetraquasitruncated
Hypercuboctetrahedron

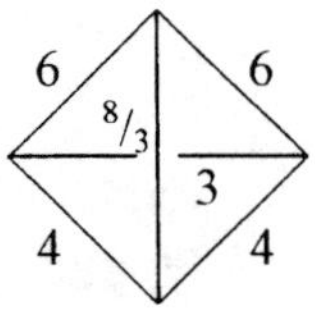


$tt^2\{3',3,4\}$

Quasitruncated
Hyperoctahedron

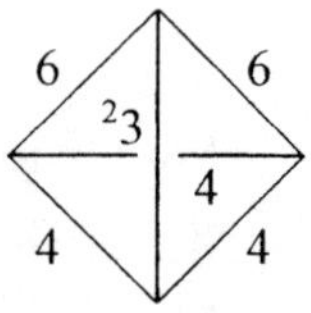


$tt^2\{4',3',3\}$

Quasiquasitruncated
Hypercuboctetrahedron

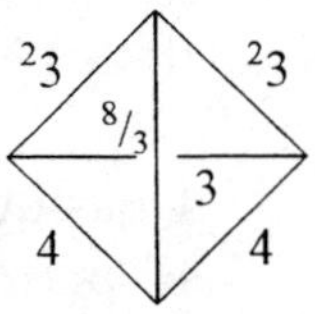


$tt^2\{3',3',4\}$
$= t\{3',4,3\}$
Quasiquasitruncated
Hyperoctahedron

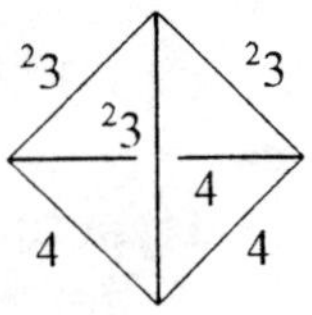


$tt^2\{5,3',3\}$
Triquasitruncated
Hypericosi-
dodecatetrahedron

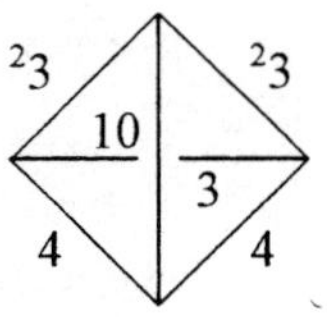


$tt^2\{3,3',5\}$
Triquasitruncated
Hypericosa-
tetratetrahedron

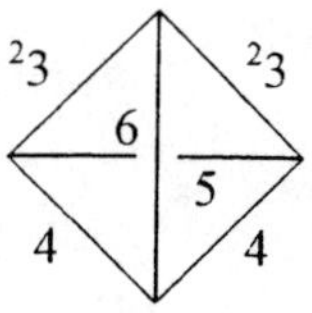


$tt^2\{5',3,3\}$
Pentaquasitruncated
Hypericosi-
dodecatetrahedron

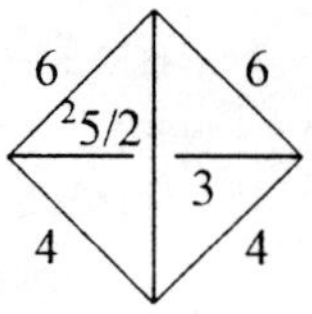


$tt^2\{3',3,5\}$
Quasitruncated
Hypericosa-
tetratetrahedron

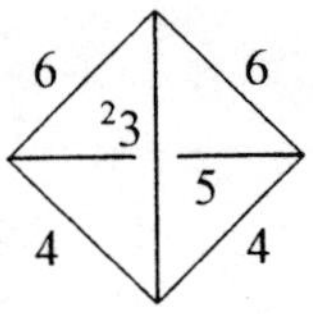


$tt^2\{5',3',3\}$
Quasiquasitruncated
Hypericosi-
dodecatetrahedron

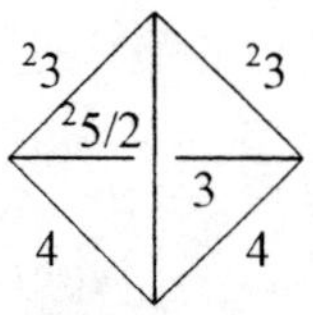


$tt^2\{3',3',5\}$
Quasiquasitruncated
Hypericosa-
tetratetrahedron

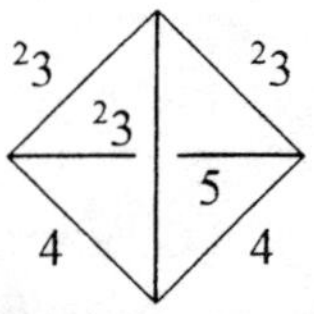


Fig.34: Second Series Quasitruncations

## SECOND SERIES QUASITRUNCATIONS

The first truncations of the second series are truncations of the second truncation of the first series of hypersolids (i.e. $tt^2$). These can be quasitruncated in two different ways and thus give rise to three further members for each original parent hypersolid.

These are shown foregoing in Figures 33 and 34, with their tetrahedral vertex figures very similar to those of the original second series first truncations.

## QUASIRHOMBI HYPERSOLIDS

Substituting 'quasirhombi' polyhedra for 'rhombi' ones, as we did with the closepacks, provides us with some comparable quasirhombi hypersolids.

Below in Figure 35 is shown the vertex figure of the hyperquasicuboctetrahedron, encountered earlier on p.24 as an 'odd' hypersolid analogous to the truncated tetrahedral closepack. Here quasicubocta-hedra have replaced the cuboctahedra of the hypercuboctetrahedron.

Adjoining in Figure 36 are shown the results of similar substitution in the second series second truncations ($t^2t^2$)

$t'^2\{4,3,3\}$

Hyperquasi-
cuboctetrahedron

Fig.35: Quasi-Regular Quasitruncation

$t^2t^2\{3',3,3\}$

Hyperquasirhombi-
tetratetrahedron

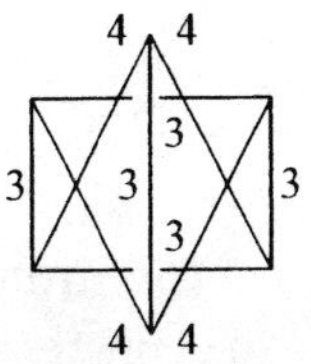


$t^2t^2\{3',4,3\}$

Hyperquasirhombi-
cuboctahedron

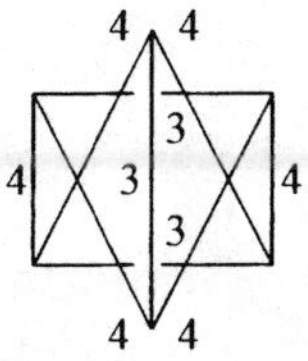


$t^2t^2\{4',3,3\}$

Hyperquasirhombi-
cuboctetrahedron

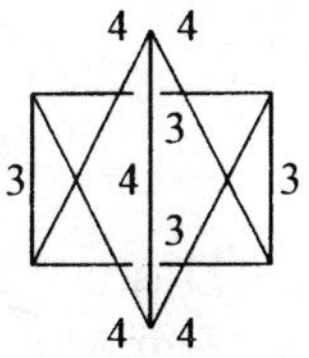


$t^2t^2\{3',3,4\}$

Hyperquasi-
cuboctahedron

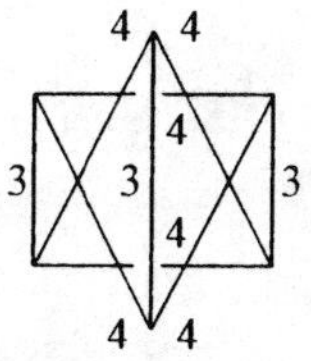


$t^2t^2\{5',3,3\}$

Hyperquasirhomb-
icosidodecatetrahedron

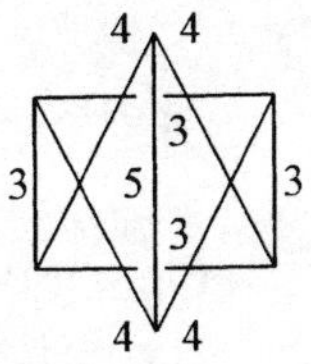


$t^2t^2\{3',3,5\}$

Hyperquasirhomb-
icosatetratetrahedron

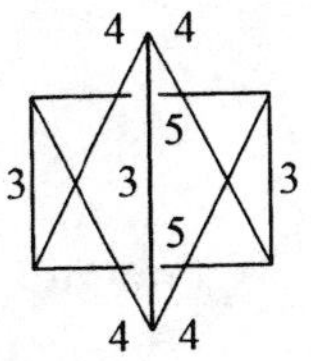


Fig.36: Quasirhombitruncated Hypersolids

o{3',3,3} = o{3,3,3'}

Monoquasitruncated Hypertetratetraprism

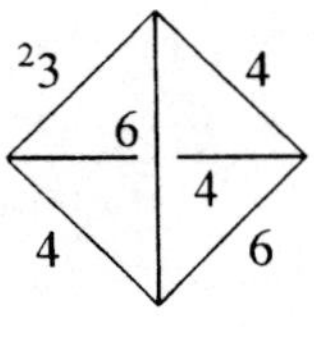


o{3,3',3}

Triquasitruncated Hypertetratetraprism

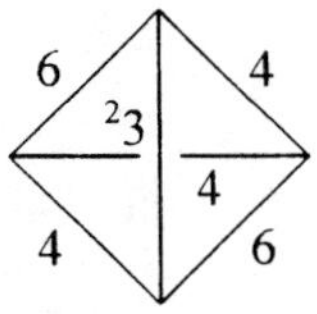


o{3',3',3} = o{3,3',3'}

Diquasitruncated Hypertetratetraprism

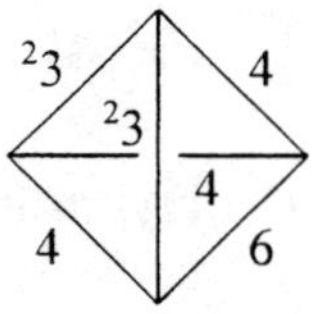


o{3',3,3'}

Tritriquasitruncated Hypertetratetraprism

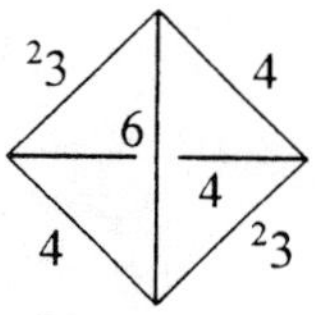


o{3',3',3'}

Quasiquasitruncated Hypertetratetraprism

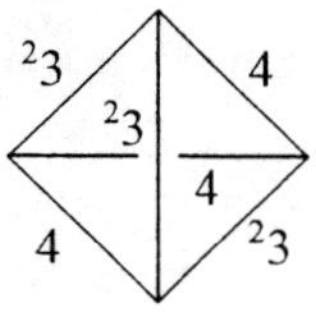


o{4',3',3'} = o{3',3',4'}

Quasiquasitruncated Hypercuboctetraprism

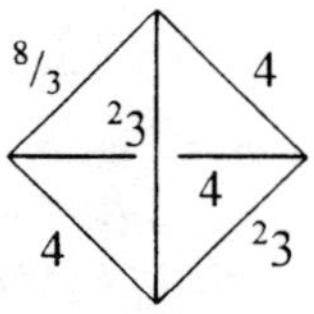


o{4',3,3} = o{3,3,4'}

Tetraquasitruncated Hypercuboctetraprism

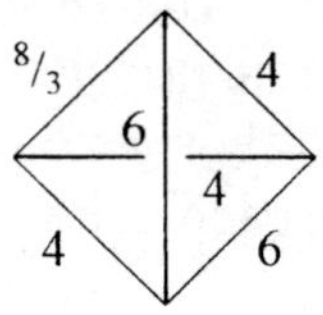


o{4,3',3} = o{3,3',4}

Triquasitruncated Hypercuboctetraprism

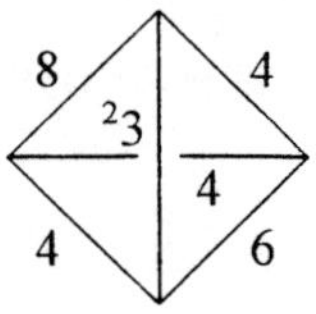


o{4,3,3'} = o{3',3,4}

Monoquasitruncated Hypercuboctetraprism

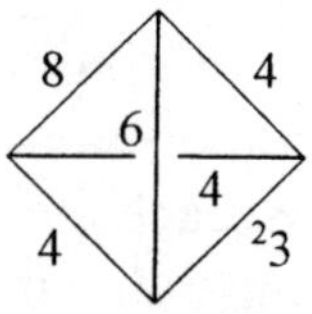


o{4,3',3'} = o{3',3',4}

Triquasiquasitruncated Hypercuboctetraprism

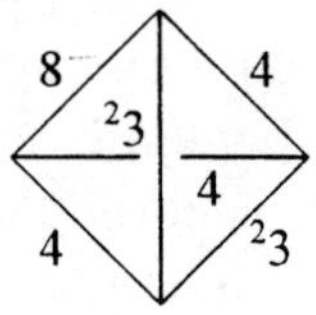


o{4',3',3} = o{3,3',4'}

Diquasitruncated Hypercuboctetraprism

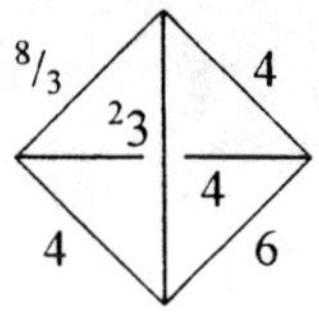


o{4',3,3'} = o{3',3,4'}

Tetratriquasitruncated Hypercuboctetraprism

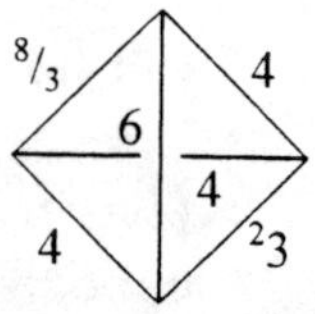


Fig.37: Quasitruncated Odd Hypersolids

o{3',4,3} = o{3,4,3'}

Monoquasitruncated
Hypercuboctaprism

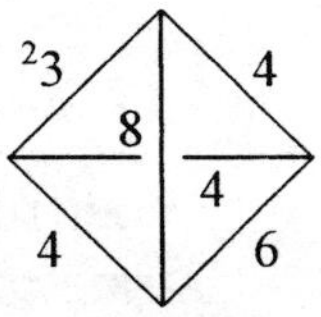


o{5',3,3} = o{3,3,5'}
Pentaquasitruncated
Hypericosi-
dodecatetraprism

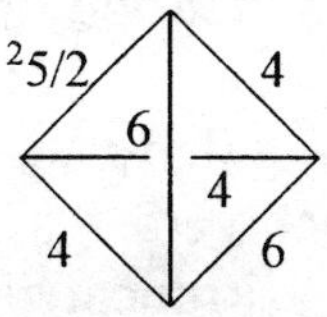


o{3,4',3}

Tetraquasitruncated
Hypercuboctaprism

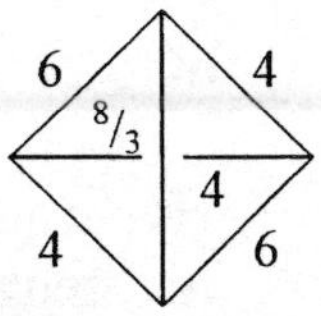


o{5,3',3} = o{3,3',5}
Triquasitruncated
Hypericosi-
dodecatetraprism

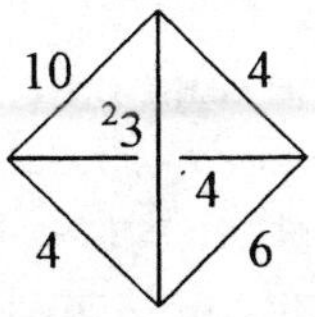


o{3',4',3} = o{3,4',3'}

Diquasitruncated
Hypercuboctaprism

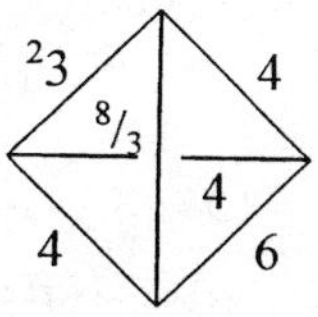


o{5,3,3'} = o{3',3,5}
Monoquasitruncated
Hypericosi-
dodecatetraprism

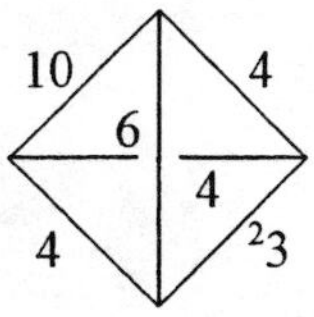


o{3',4,3'}

Triquasitruncated
Hypercuboctaprism

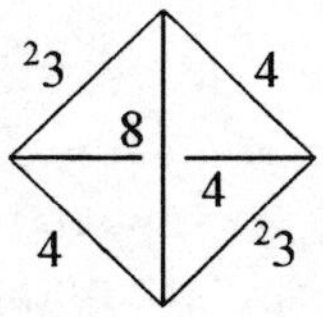


o{5,3',3'} = o{3',3',5}
Triquasiquasitruncated
Hypericosi-
dodecatetraprism

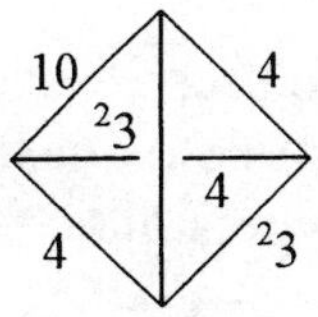


o{3',4',3'}

Quasiquasitruncated
Hypercuboctaprism

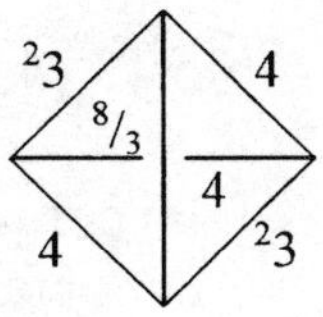


o{5',3',3} = o{3,3',5'}
Diquasitruncated
Hypericosi-
dodecatetraprism

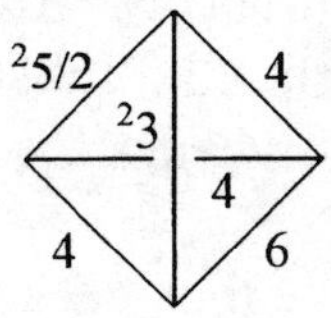


o{5',3',3'} = o{3',3',5'}
Quasiquasitruncated
Hypericosi-
dodecatetraprism

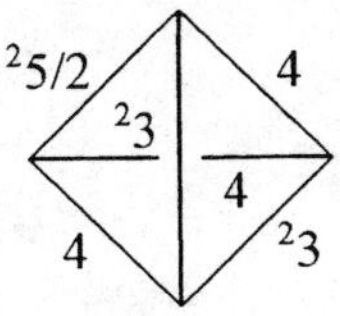


o{5',3,3'} = o{3',3,5'}
Pentatriquasitruncated
Hypericosi-
dodecatetraprism

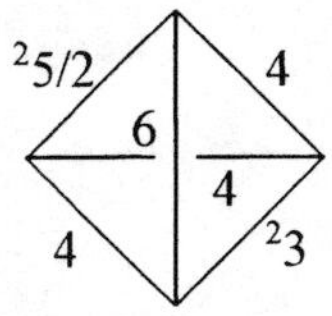


Fig.38: Quasitruncated Odd Hypersolids

## QUASITRUNCATED ODD HYPERSOLIDS

Figures 37 and 38 on the preceding two pages show the results of quasitruncating the first odd hypersolids.

Here there are three possible polygons at each vertex which can be truncated or quasitruncated in different combinations, giving rise to a total of eight possibilities per symmetry family.

The dual pair families, {4,3,3}-{3,3,4} and {5,3,3}-{3,3,5}, thus each give rise to seven further forms beyond the straightforward truncated ones, whilst the self-duals , {3,3,3} and {3,4,3}, yield only five more with two repeats.

## QUASIRHOMBIPRISM HYPERSOLIDS

Figures 39 and 40 that follow show the possible quasitruncations of the second odd hypersolids.

Here there are two possible actions that can be performed, one the quasitruncation of polyhedra (truncated in the original), the other the substitution of ‘quasirhombi’ polyhedra for ‘rhombi’ ones in the original.

We thus get four possibilities per original hypersolid, i.e. three further forms beyond the straightforward versions seen earlier.

$o^{2}\{3,3,3'\}$

Hypertrirhombi-
tetratetraprism

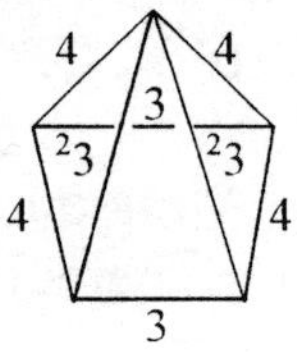


$o^{2}\{3',3,3\}$

Hyperquasirhombi-
tetratetraprism

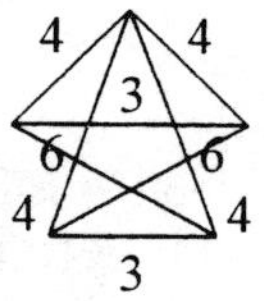


$o^{2}\{3',3,3'\}$

Hypertriquasirhombi-
tetratetraprism

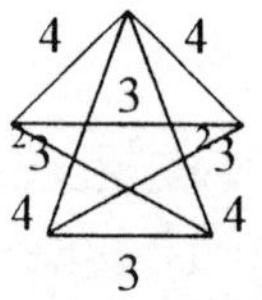

$o^{2}\{3,4,3'\}$

Hypertrirhombi-
cuboctaprism

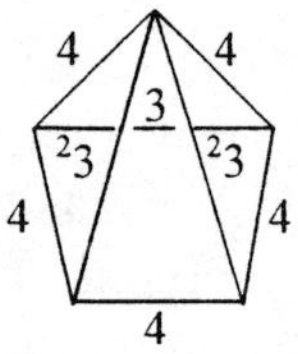


$o^{2}\{3',4,3\}$

Hyperquasirhombi-
cuboctaprism

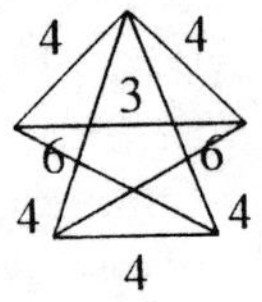


$o^{2}\{3',4,3'\}$

Hypertriquasirhombi-
cuboctaprism

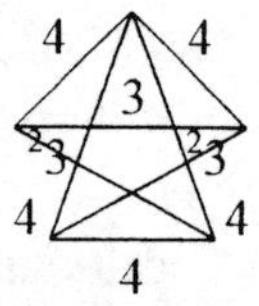

Fig.39: Quasirhombiprism Hypersolids

$o^2\{4,3,3'\}$

Hypertrirhombi-
cuboctetraprism

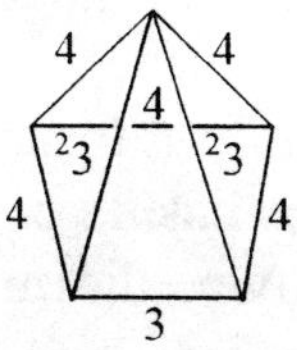


$o^2\{4',3,3\}$

Hyperquasirhombi-
cuboctetraprism

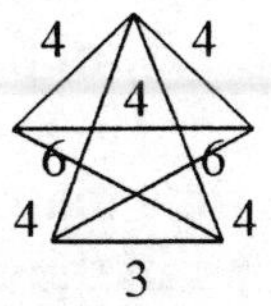


$o^2\{4',3,3'\}$

Hypertriquasirhombi-
cuboctetraprism

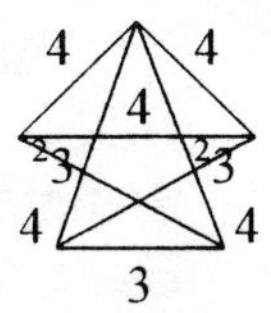


$o^2\{5,3,3'\}$

Hypertrirhomb-
icosidodecatetraprism

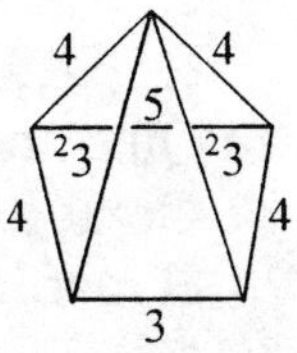


$o^2\{5',3,3\}$

Hyperquasirhomb-
icosidodecatetraprism

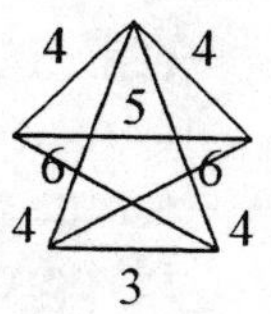


$o^2\{5',3,3'\}$

Hypertriquasirhomb-
icosidodecatetraprism

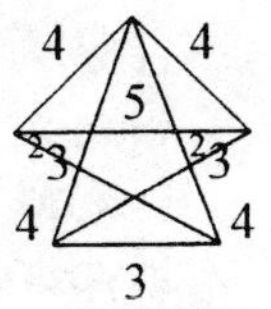


$o^2\{3,3,4'\}$

Hyper-
cuboctagramprism

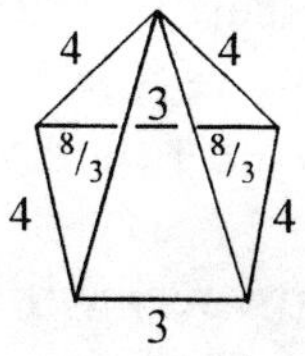


$o^2\{3',3,4\}$

Hyperquasi-
cuboctaprism

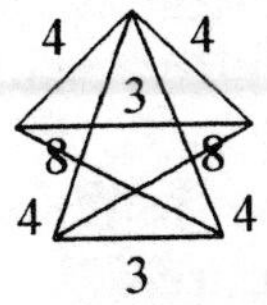


$o^2\{3',3,4'\}$

Hyperquasi-
cuboctagramprism

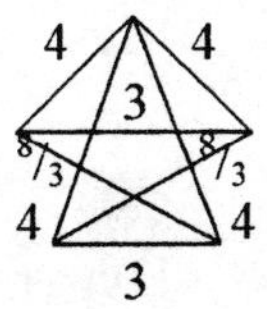


$o^2\{3,3,5'\}$

Hyperpentarhomb-
icosatetratetraprism

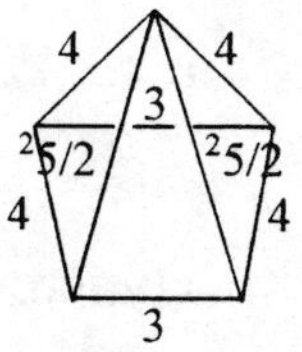


$o^2\{3',3,5\}$

Hyperquasirhomb-
icosatetratetraprism

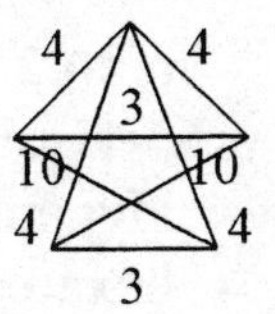


$o^2\{3',3,5'\}$

Hyperpentaquasirhomb-
icosatetratetraprism

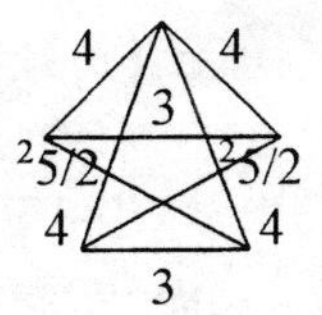


Fig.40: Quasirhombiprism Hypersolids

## MORE QUASITRUNCATED ODDS

The third odd hypersolids (see p.28) might not at first be thought capable of producing quasitruncations, consisting as they do of only regular solids and prisms, arranged in an antiprism vertex figure.

However within each antiprism vertex figure there is a hidden set of 'rhombi' polyhedra, which can be converted to the equivalent 'quasirhombi' polyhedra to yield a further set of similar hypersolids.

The results of doing this are shown below in Figure 41.

$o^3\{3,3',3\}$

Hyperquasitetraprism

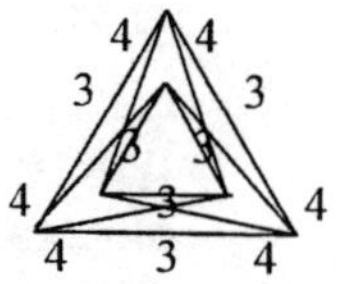


$o^3\{3,4',3\}$

Hyperquasioctaprism

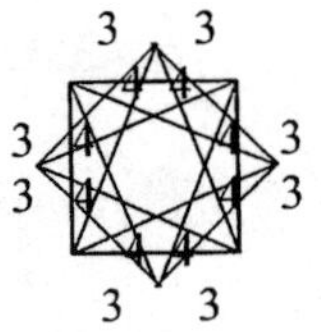


$o^3\{4,3',3\} = o^3\{3,3',4\}$

Hyperquasi-
hexatetraprism

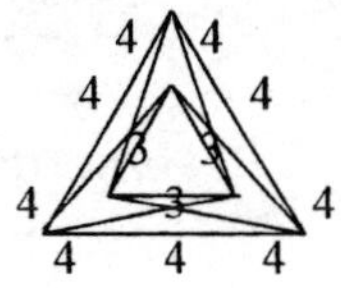


$o^3\{5,3',3\} = o^3\{3,3',5\}$

Hyperquasi-
dodecatetraprism

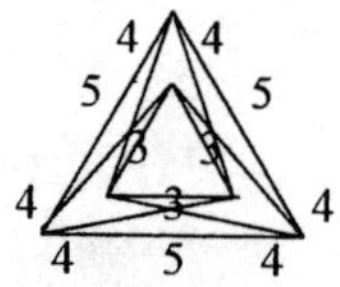


Fig.41: Quasitruncated Third Odds

## QUASITRUNCATED STAR HYPERSOLIDS

Not surprisingly the star hypersolids can also be quasitruncated in much the same way that the regular ones were.

The first truncation of each star hypersolid thus has its equivalent quasitruncation as shown adjoining in Figure 42.

Here we find a greater prevalence of double polygon faces, $\{^2 3\},\{^2 5/2\}$ and $\{^2 5\}$, that result from the truncation of $\{3'\} = \{3/2\}$, $\{5'\} = \{5/4\}$ and $\{5/2\}$ respectively. There are thus many more multiple vertices to be found in the star hypersolid quasitruncations than we have seen before.

t{5/2',5,3}
Quasitruncated
Stellated
Hyperdodecahedron

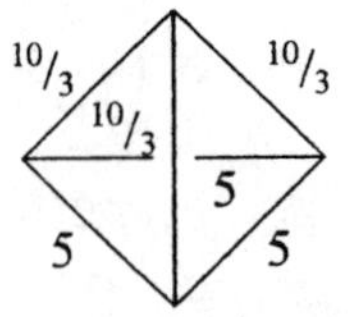


t{5/2',3,5}
Quasitruncated
Great Stellated
Hyperdodecahedron

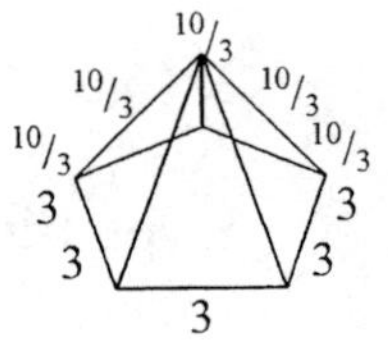


t{5',5/2,3}
Quasitruncated
Great Grand
Hyperdodecahedron

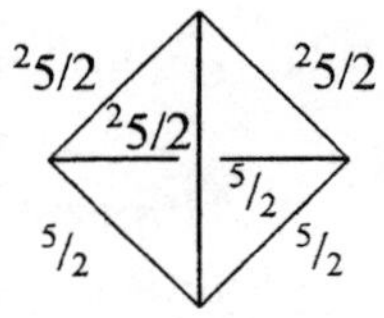


t{5/2',3,3}
Quasitruncated Great
Grand Stellated
Hyperdodecahedron

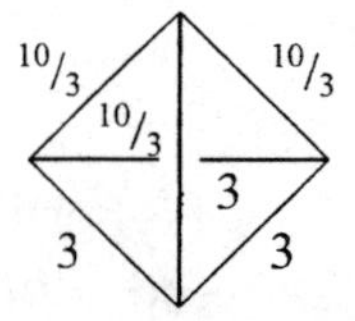


Fig.42: Quasitruncated Star Hypersolids

t{5/2',5,5/2}
Quasitruncated
Grand Stellated
Hyperdodecahedron

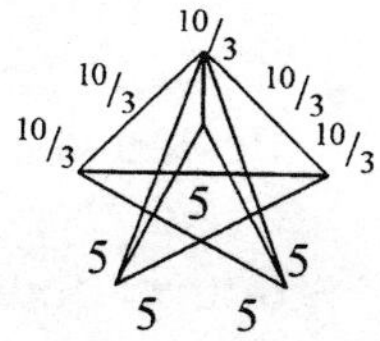


t{5',5/2,5}
Quasitruncated
Great
Hyperdodecahedron

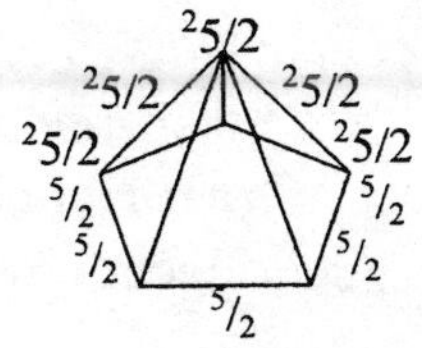


t{3',5,5/2}

Quasitruncated
Hypericosahedron

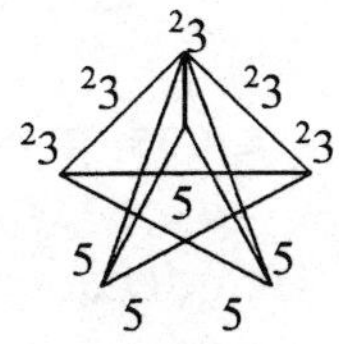


t{5',3,5/2}
Quasitruncated
Grand
Hyperdodecahedron

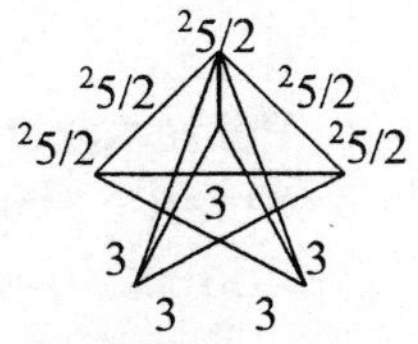


t{3',5/2,5}
Quasitruncated
Great
Hypericosahedron

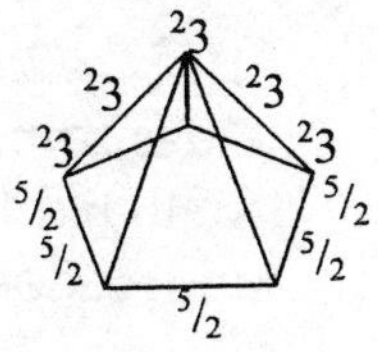


t{3',3,5/2}
Quasitruncated
Grand
Hypertetrahedron

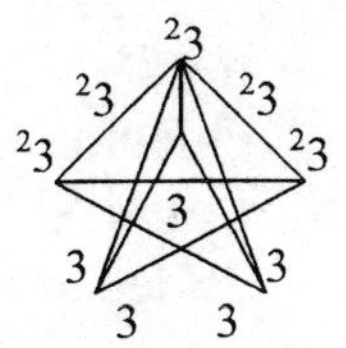


$t^3${5/2,5',5/2}
Great
Hyperquasitruncated
Dodecadodecahedron

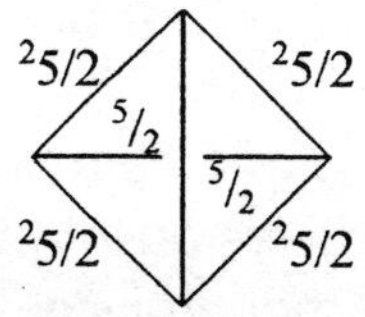


$t^3${5,5/2',5}
Small Stellated
Hyperquasitruncated
Dodecadodecahedron

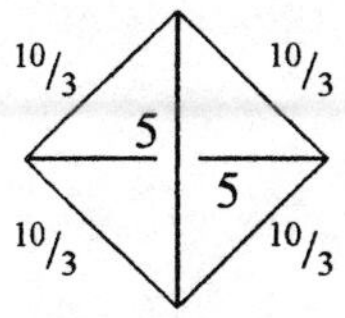


$t^3${5/2,5',3} = $t^3${3,5',5/2}
Small
Hyperquasitruncated
Dodecadodecahedron

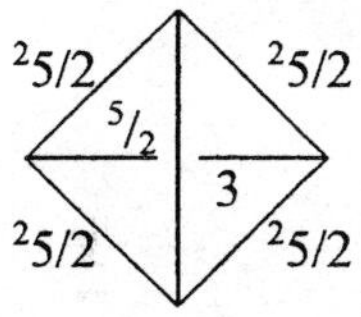


$t^3${5/2,3',5} = $t^3${5,3',5/2}
Great
Hyperquasitruncated
Icosicosahedron

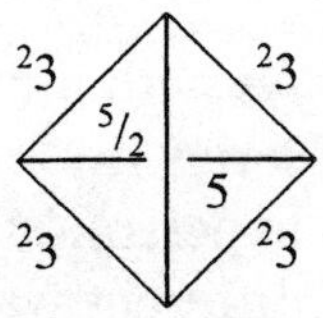


$t^3${5,5/2',3} = $t^3${3,5/2',5}
Great Stellated
Hyperquasitruncated
Dodecadodecahedron

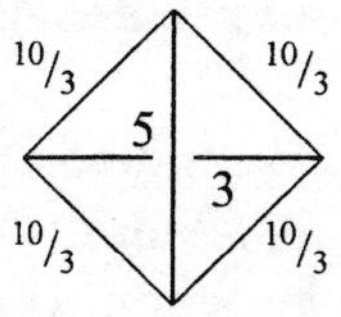


$t^3${5/2,3',3} = $t^3${3,3',5/2}
Great
Hyperquasitruncated
Icosatetrahedron

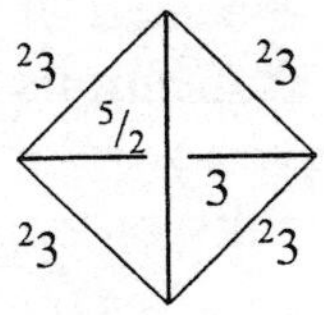


Fig.43: Even Faced Star Quasitruncations

## EVEN FACED STAR QUASITRUNCATIONS

The even faced star hypersolids also have equivalent quasitruncations as shown overleaf in Figure 43.

Here there are no 'hemiquasitruncated' versions with only some of the possible polygons quasitruncated as we found with the closepacks and regular hypersolids: the constituent polyhedra predicted for such cases do not exist.

## 2nd SERIES STAR QUASITRUNCATIONS

As with the regular hypersolids, the second series first truncations ($tt^2$) of the star hypersolids can be quasitruncated in two different ways giving rise to three further possibilities for each parent hypersolid. The vertex figures for these are shown following in Figures 44 and 45.

Within each group of four possibilities there is generally one that has only one double polygon. If this is doubled up to include the full vertex figure of the attached polyhedra, we get a hypersolid vertex that fits within the shell of one of the second series second truncations ($t^2t^2$). These and other multiple vertex relationships will be explored more fully on page 69 and following.

$tt^2\{5/2,5',5/2\}$
Pentaquasitruncated
Great Hyperdodeca-
dodecadodecahedron

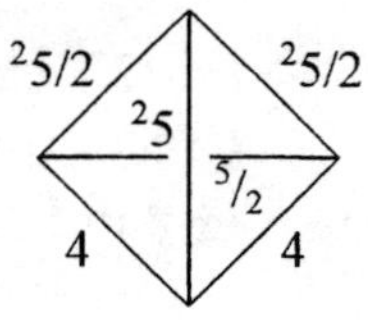


$tt^2\{5/2',5,5/2\}$
Quasitruncated
Great Hyperdodeca-
dodecadodecahedron

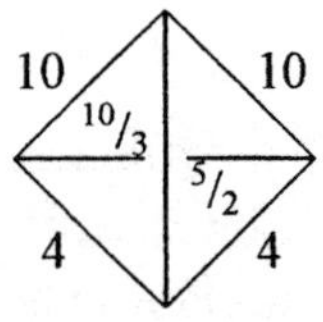


$tt^2\{5/2',5',5/2\}$
Quasiquasitruncated
Great Hyperdodeca-
dodecadodecahedron

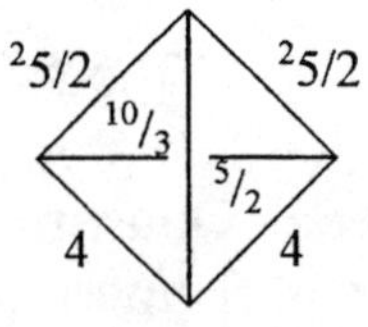


$tt^2\{5,5/2',5\}$
Pentaquasitruncated
Small St Hyperdodeca-
dodecadodecahedron

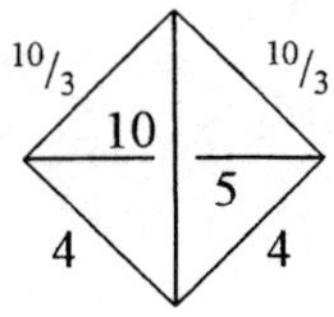


$tt^2\{5',5/2,5\}$
Quasitruncated Small
Stellated Hyperdodeca-
dodecadodecahedron

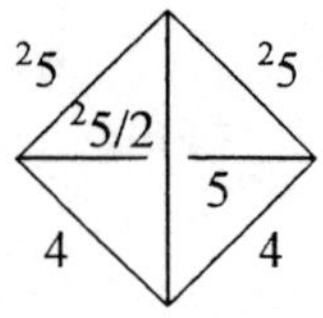


$tt^2\{5',5/2',5\}$
Quasiquasitruncated
Small St Hyperdodeca-
dodecadodecahedron

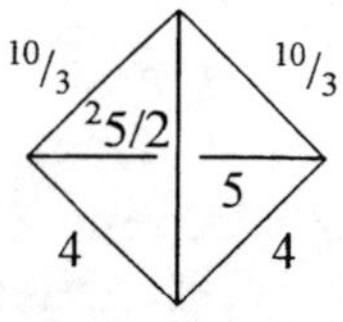

tt$^2${5/2,5’,3}
Pentaquasitruncated
Small Hyperdodeca-
dodecadodecahedron

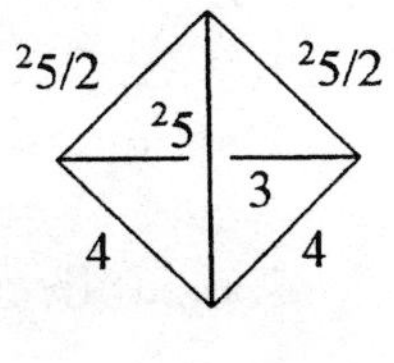


tt$^2${3,5’,5/2}
Pentaquasitruncated
Great Hyperdodec-
icosidodecahedron

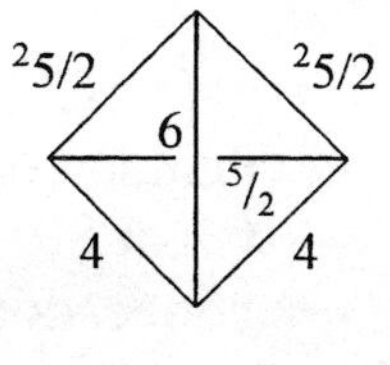


tt$^2${5/2’,5,3}
Quasitruncated
Small Hyperdodeca-
dodecadodecahedron

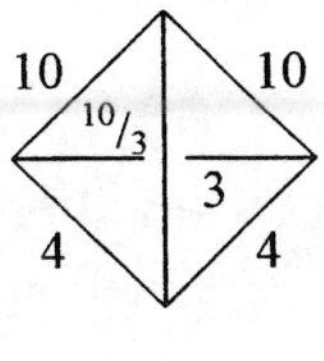


tt$^2${3’,5,5/2}
Triquasitruncated
Great Hyperdodec-
icosidodecahedron

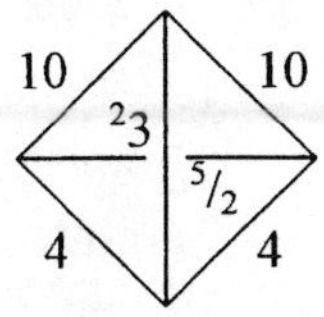


tt$^2${5/2’,5’,3}
Quasiquasitruncated
Small Hyperdodeca-
dodecadodecahedron

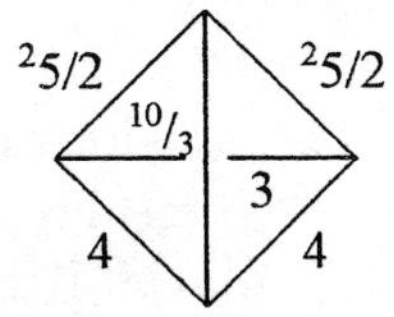


tt$^2${3’,5’,5/2}
Quasiquasitruncated
Great Hyperdodec-
icosidodecahedron

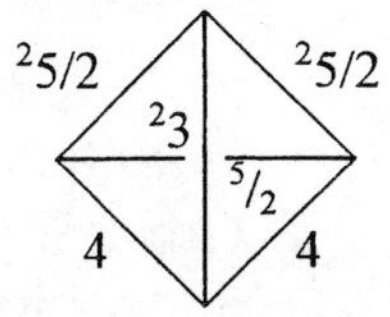


tt$^2${5/2,3’,5}
Triquasitruncated
Small Hypericosi-
dodecicosahedron

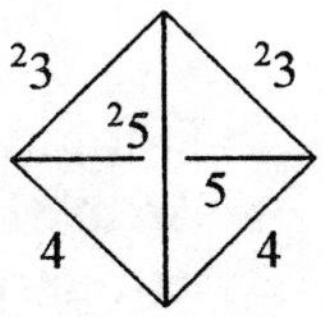


tt$^2${5,3’,5/2}
Triquasitruncated
Great Hypericosi-
dodecicosahedron

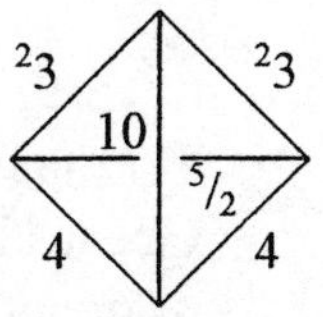


tt$^2${5/2’,3,5}
Pentaquasitruncated
Small Hypericosi-
dodecicosahedron

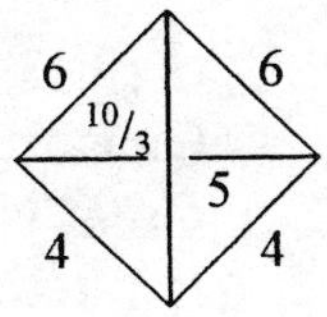


tt$^2${5’,3,5/2}
Pentaquasitruncated
Great Hypericosi-
dodecicosahedron

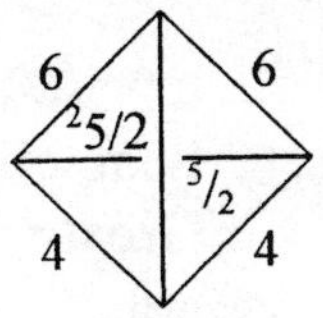


tt$^2${5/2’,3’,5}
Quasiquasitruncated
Small Hypericosi-
dodecicosahedron

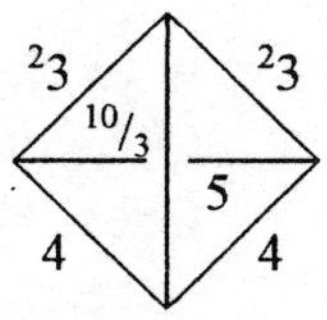


tt$^2${5’,3’,5/2}
Quasiquasitruncated
Great Hypericosi-
dodecicosahedron

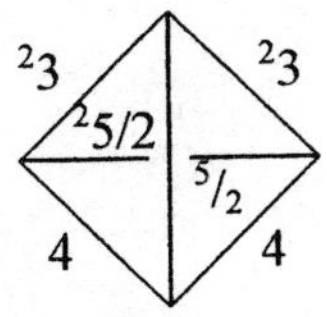


Fig.44: Second Series Star Quasitruncations

$tt^2\{5,5/2',3\}$
Pentaquasitruncated
Great St Hyperdodeca-
dodecadodecahedron

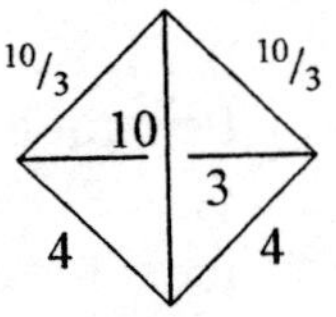


$tt^2\{3,5/2',5\}$
Pentaquasitruncated
Small Hyperdodec-
icosidodecahedron

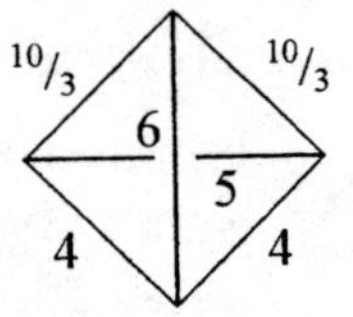


$tt^2\{5',5/2,3\}$
Quasitruncated Great
Stellated Hyperdodeca-
dodecadodecahedron

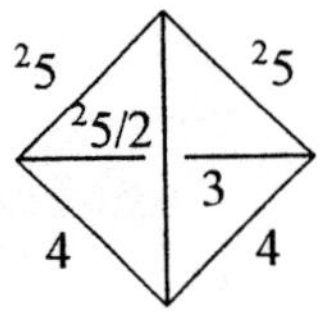


$tt^2\{3',5/2,5\}$
Triquasitruncated
Small Hyperdodec-
icosidodecahedron

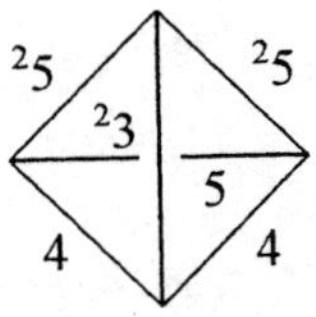


$tt^2\{5',5/2',3\}$
Quasiquasitruncated
Great St Hyperdodeca-
dodecadodecahedron

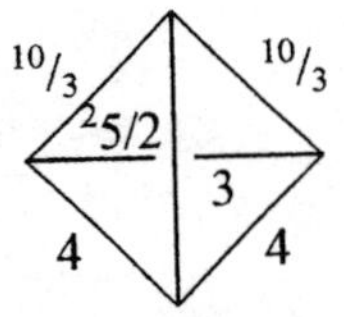


$tt^2\{3',5/2',5\}$
Quasiquasitruncated
Small Hyperdodec-
icosidodecahedron

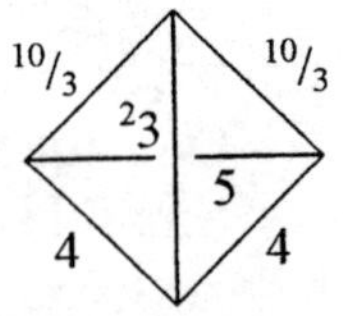


$tt^2\{5/2,3',3\}$
Triquasitruncated
Great Hypericosi-
dodecatetrahedron

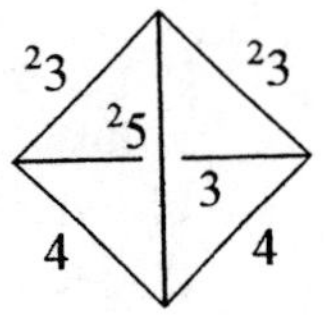


$tt^2\{3,3',5/2\}$
Triquasitruncated
Great Hypericosa-
tetratetrahedron

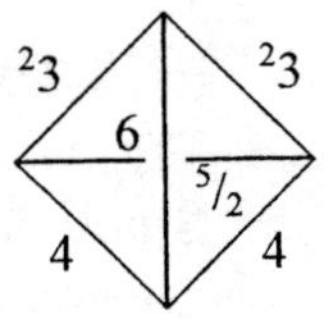


$tt^2\{5/2',3,3\}$
Pentaquasitruncated
Great Hypericosi-
dodecatetrahedron

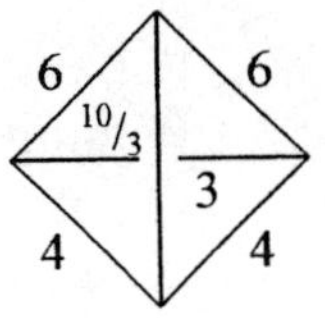


$tt^2\{3',3,5/2\}$
Quasitruncated
Great Hypericosa-
tetratetrahedron

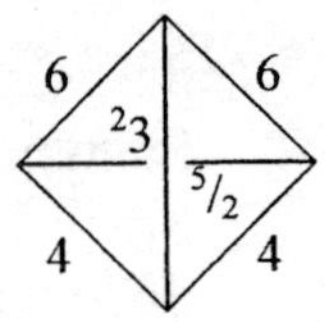


$tt^2\{5/2',3',3\}$
Quasiquasitruncated
Great Hypericosi-
dodecatetrahedron

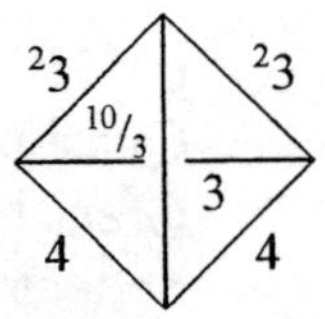


$tt^2\{3',3',5/2\}$
Quasiquasitruncated
Great Hypericosa-
tetratetrahedron

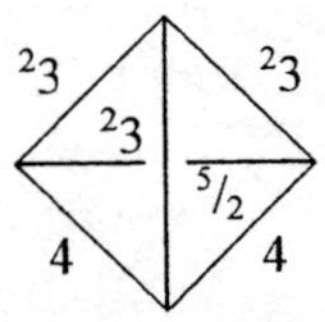


Fig.45: Second Series Star Quasitruncations

## QUASIRHOMBI STAR HYPERSOLIDS

The second series second truncations ($t^2t^2$) of the star hypersolids also yield a quasirhombitruncated star hypersolid, as before one for each parent hypersolid.

We simply substitute 'quasirhombi' polyhedra for the 'rhombi' ones in the original star ($t^2t^2$) hypersolid, to get the results shown in Figure 46 adjoining.

$t^2t^2\{5/2',5,5/2\}$
Great Hyperquasi-rhombidodeca-dodecadodecahedron

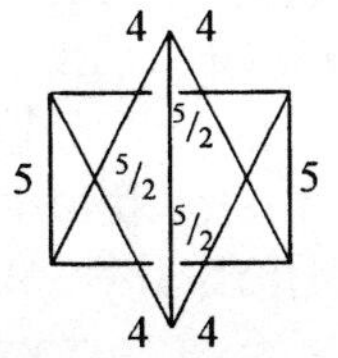


$t^2t^2\{5',5/2,5\}$
Small Stellated Hyper-quasirhombidodeca-dodecadodecahedron

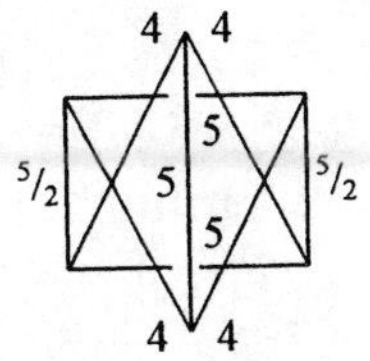


$t^2t^2\{5/2',5,3\}$
Small Hyperquasi-rhombidodeca-dodecadodecahedron

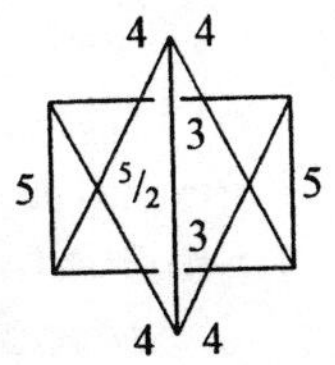


$t^2t^2\{3',5,5/2\}$
Great Hyperquasi-rhombidodecicosi-dodecahedron

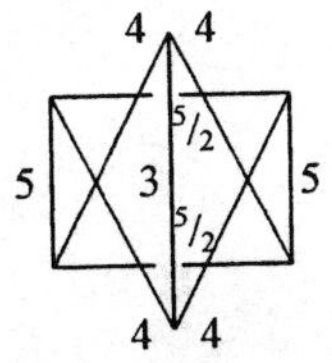


$t^2t^2\{5/2',3,5\}$
Small Hyper-quasirhombicosi-dodecicosahedron

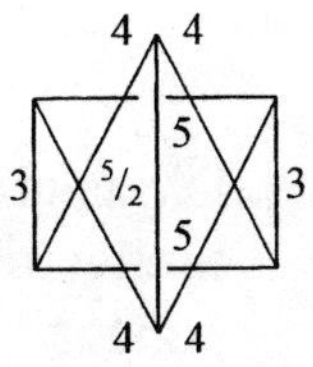


$t^2t^2\{5',3,5/2\}$
Great Hyper-quasirhombicosi-dodecicosahedron

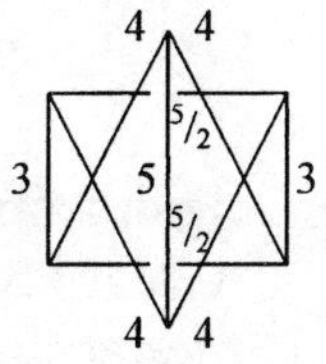


$t^2t^2\{5',5/2,3\}$
Great Stellated Hyper-quasirhombidodeca-dodecadodecahedron

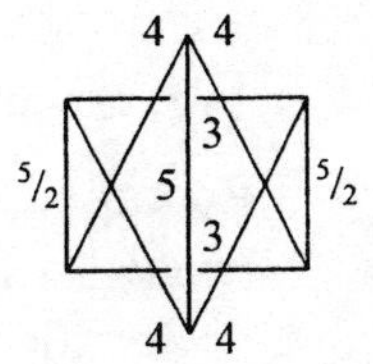


$t^2t^2\{3',5/2,5\}$
Small Hyperquasi-rhombidodecicosi-dodecahedron

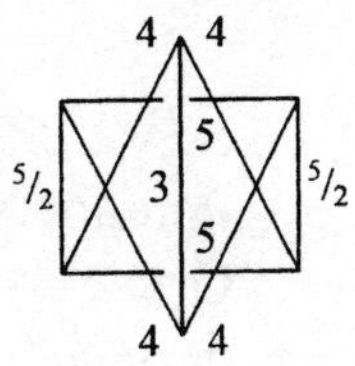


$t^2t^2\{5/2',3,3\}$
Great Hyper-quasirhombicosi-dodecatetrahedron

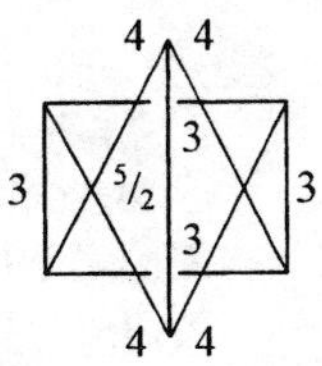


$t^2t^2\{3',3,5/2\}$
Great Hyper-quasirhombicosa-tetratetrahedron

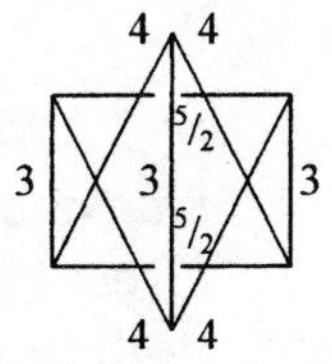


Fig.46: Quasirhombitruncated Star Hypersolids

## ODD STAR QUASITRUNCATIONS

As might by now be expected, the odd star hypersolids also have quasitruncated forms. As before with three ways to quasitruncate there are a total of eight possibilities per symmetry family. Thus the self-dual families, allowing for two repeats, each yield five further forms.

These are shown below in Figure 47.

The dual pair families, however, give us a further seven possibilities, six for each family as shown following in Figures 48 and 49, with the final 'quasiquasi' forms saved till last in Figure 50.

o{5/2',5,5/2} = o{5/2,5,5/2'}
Monoquasitruncated
Great Hyperdodeca-
dodecadodecaprism

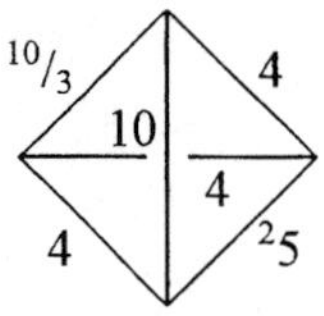


o{5',5/2,5} = o{5,5/2,5'}
Monoquasitruncated
Small St Hyperdodeca-
dodecadodecaprism

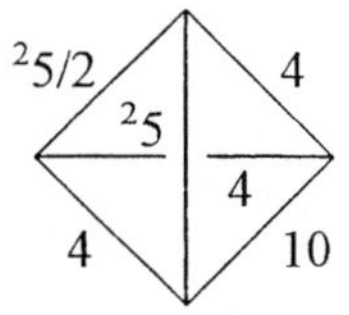


o{5/2,5',5/2}
Pentaquasitruncated
Great Hyperdodeca-
dodecadodecaprism

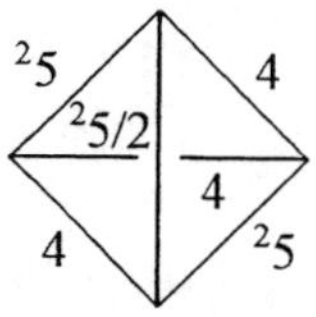


o{5,5/2',5}
Pentaquasitruncated
Small St Hyperdodeca-
dodecadodecaprism

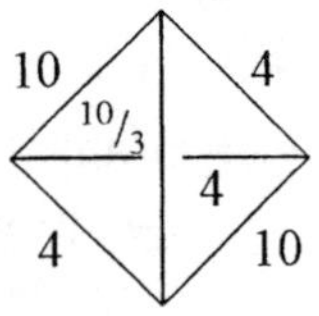


o{5/2',5',5/2} = o{5/2,5',5/2'}
Diquasitruncated
Great Hyperdodeca-
dodecadodecaprism

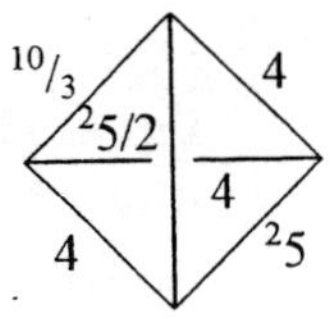


o{5',5/2',5} = o{5,5/2',5'}
Diquasitruncated Small
Stellated Hyperdodeca-
dodecadodecaprism

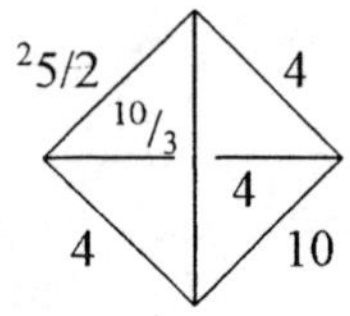


o{5/2',5,5/2'}
Pentapentaquasitruncated
Great Hyperdodeca-
dodecadodecaprism

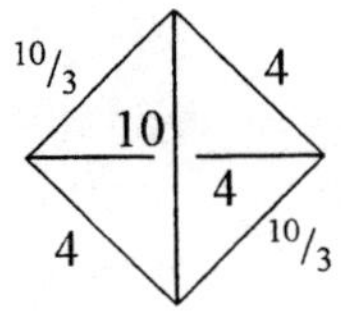


o{5',5/2,5'}
Pentapentaquasitruncated
Small St Hyperdodeca-
dodecadodecaprism

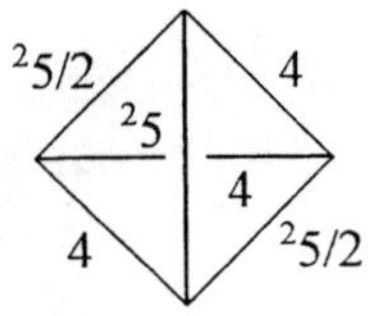


o{5/2',5',5/2'}
Quasiquasitruncated
Great Hyperdodeca-
dodecadodecaprism

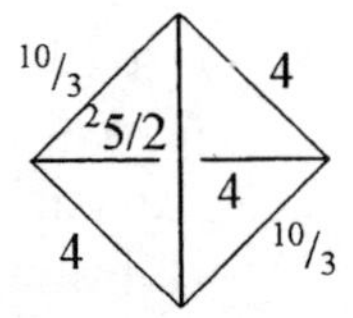


o{5',5/2',5'}
Quasiquasitruncated
Small St Hyperdodeca-
dodecadodecaprism

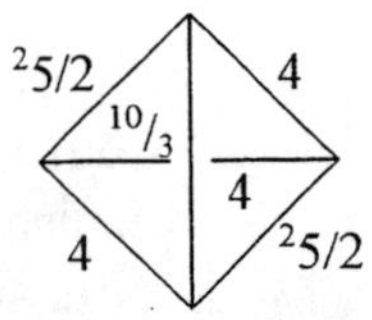


Fig.47: Quasitruncated Odd Star Hypersolids

o{5/2’,5,3} = o{3,5,5/2’}
Monoquasitruncated
Small Hyperdodeca-
dodecadodecaprism

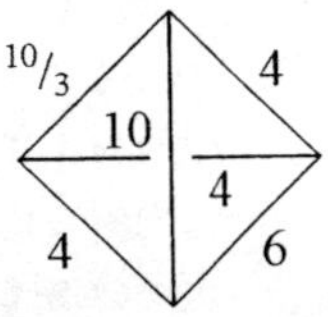


o{5/2,5’,3} = o{3,5’,5/2}
Pentaquasitruncated
Small Hyperdodeca-
dodecadodecaprism

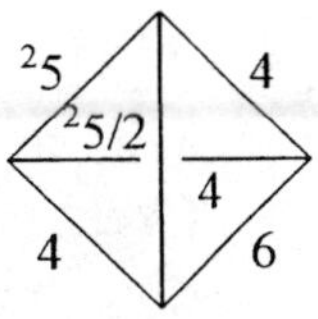


o{5/2,5,3’} = o{3’,5,5/2}
Triquasitruncated
Small Hyperdodeca-
dodecadodecaprism

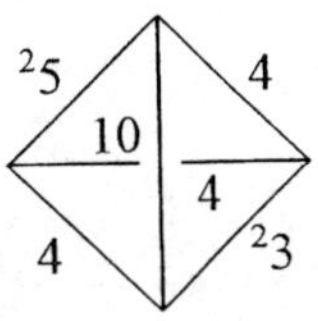


o{5/2,5’,3’} = o{3’,5’,5/2}
Diquasitruncated
Small Hyperdodeca-
dodecadodecaprism

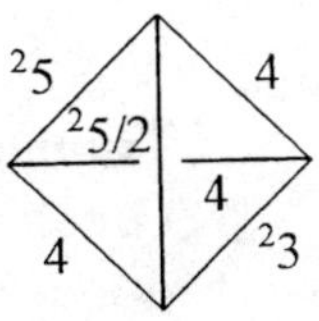


o{5/2’,5’,3} = o{3,5’,5/2’}
Pentaquasiquasitruncated
Small Hyperdodeca-
dodecadodecaprism

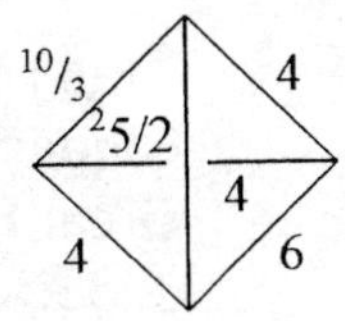


o{5/2’,5,3’} = o{3’,5,5/2’}
Pentatriquasitruncated
Small Hyperdodeca-
dodecadodecaprism

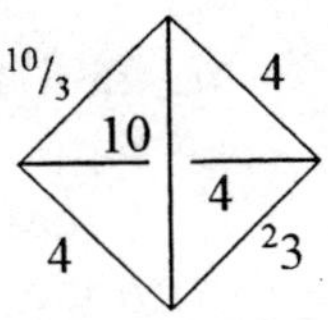


o{5/2’,3,5} = o{5,3,5/2’}
Monoquasitruncated
Great Hypericosi-
dodecicosaprism

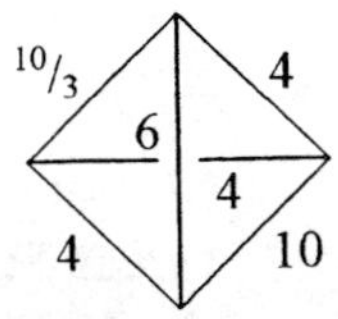


o{5/2,3’,5} = o{5,3’,5/2}
Triquasitruncated
Great Hypericosi-
dodecicosaprism

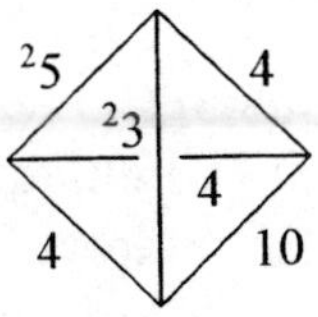


o{5/2,3,5’} = o{5’,3,5/2}
Pentaquasitruncated
Great Hypericosi-
dodecicosaprism

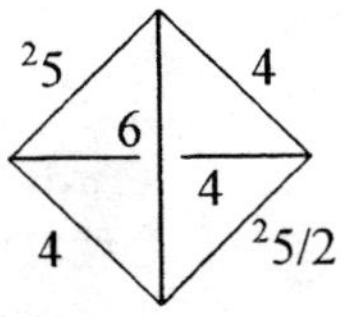


o{5/2,3’,5’} = o{5’,3’,5/2}
Diquasitruncated
Great Hypericosi-
dodecicosaprism

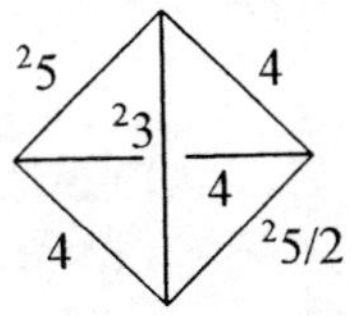


o{5/2’,3’,5} = o{5,3’,5/2’}
Triquasiquasitruncated
Great Hypericosi-
dodecicosaprism

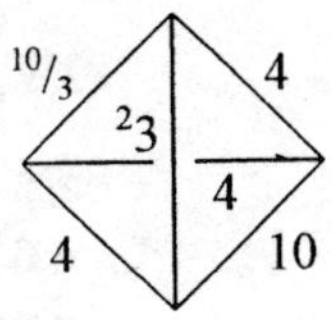


o{5/2’,3,5’} = o{5’,3,5/2’}
Pentapentaquasitruncated
Great Hypericosi-
dodecicosaprism

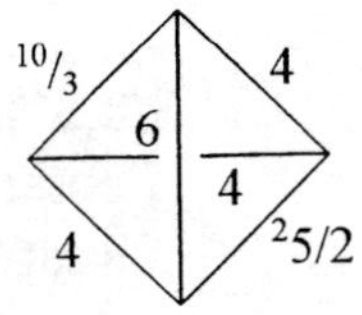


Fig.48: Quasitruncated Odd Star Hypersolids

o{5',5/2,3} = o{3,5/2,5'}
Monoquasitruncated
Great St Hyperdodeca-
dodecadodecaprism

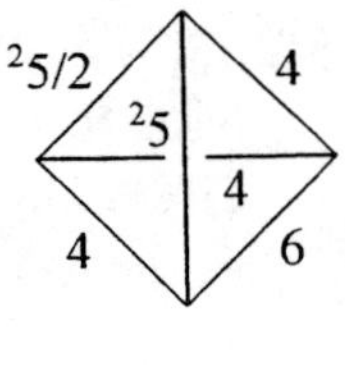


o{5/2',3,3} = o{3,3,5/2'}
Pentaquasitruncated
Great Hypericosi-
dodecatetraprism

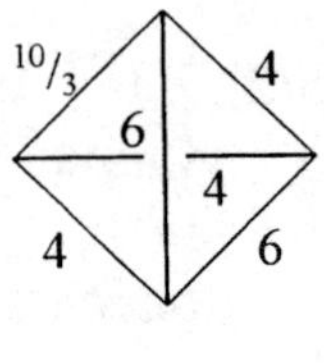


o{5,5/2',3} = o{3,5/2',5}
Pentaquasitruncated
Great St Hyperdodeca-
dodecadodecaprism

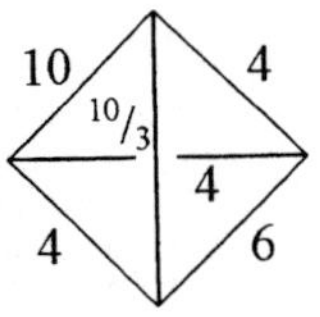


o{5/2,3',3} = o{3,3',5/2}
Triquasitruncated
Great Hypericosi-
dodecatetraprism

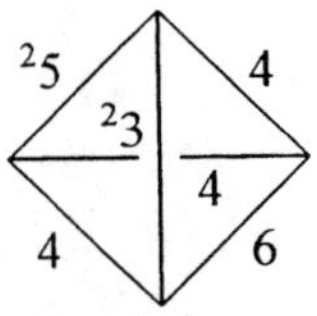


o{5,5/2,3'} = o{3',5/2,5}
Triquasitruncated
Great St Hyperdodeca-
dodecadodecaprism

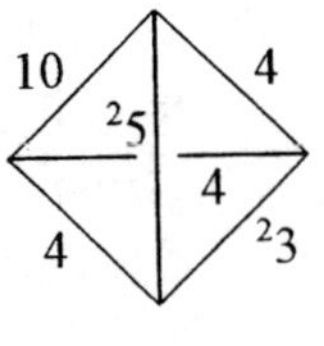


o{5/2,3,3'} = o{3',3,5/2}
Monoquasitruncated
Great Hypericosi-
dodecatetraprism

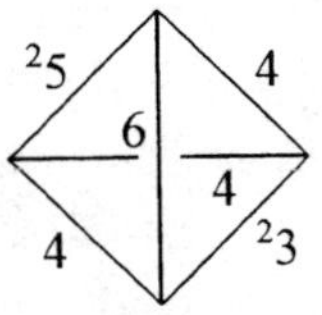


o{5,5/2',3'} = o{3',5/2',5}
Diquasitruncated
Great St Hyperdodeca-
dodecadodecaprism

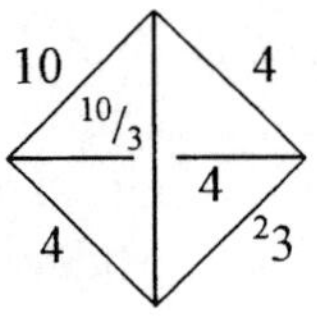


o{5/2,3',3'} = o{3',3',5/2}
Triquasiquasitruncated
Great Hypericosi-
dodecatetraprism

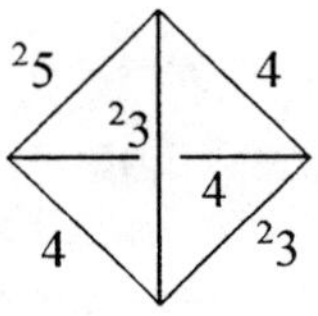


o{5',5/2',3} = o{3,5/2',5'}
Pentaquasiquasitruncated
Great St Hyperdodeca-
dodecadodecaprism

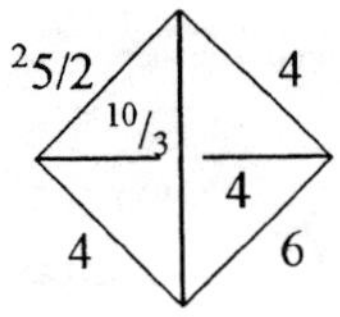


o{5/2',3',3} = o{3,3',5/2'}
Diquasitruncated
Great Hypericosi-
dodecatetraprism

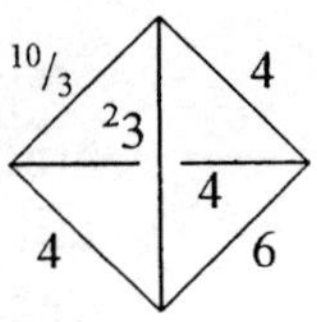


o{5',5/2,3'} = o{3',5/2,5'}
Pentatriquasitruncated
Great St Hyperdodeca-
dodecadodecaprism

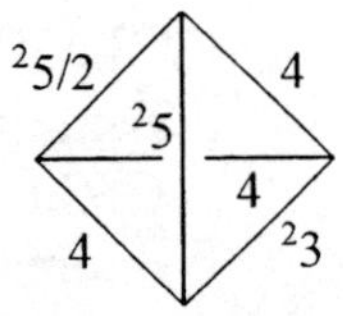


o{5/2',3,3'} = o{3',3,5/2'}
Pentatriquasitruncated
Great Hypericosi-
dodecatetraprism

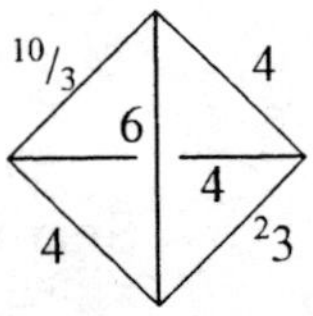


Fig.49: Quasitruncated Odd Star Hypersolids

## QUASIRHOMBIPRISM STAR HYPERSOLIDS

Turning now to the second odd star hypersolids we can, as we did with their regular counterparts, find three further forms beyond each original star rhombiprism hypersolid.

The vertex figures for these are shown following in Figures 51, 52 and 53.

o{5/2’,5’,3’} = o{3’,5’,5/2’}
Quasiquasitruncated
Small Hyperdodeca-
dodecadodecaprism

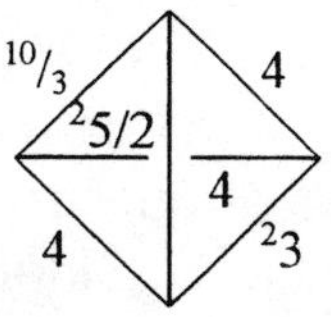


o{5/2’,3’,5’} = o{5’,3’,5/2’}
Quasiquasitruncated
Great Hypericosi-
dodecicosaprism

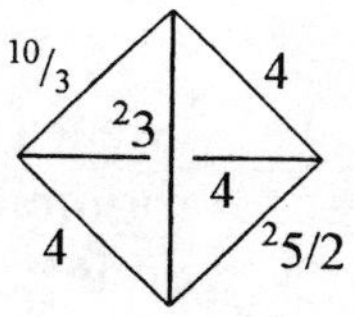


o{5’,5/2’,3’} = o{3’,5/2’,5’}
Quasiquasitruncated
Great St Hyperdodeca-
dodecadodecaprism

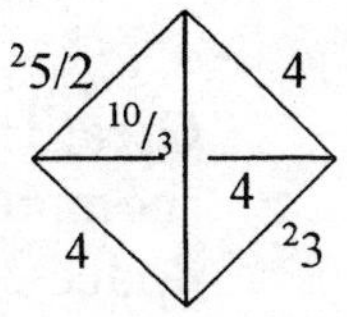


o{5/2’,3’,3’} = o{3’,3’,5/2’}
Quasiquasitruncated
Great Hypericosi-
dodecatetraprism

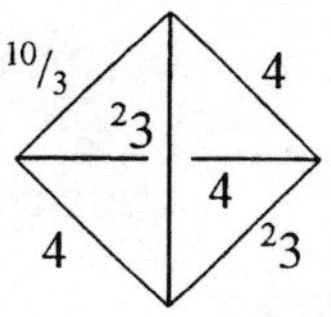


Fig.50: Quasitruncated Odd Star Hypersolids

o$^2${5/2,5,5/2’}
Great Hyperpenta-
rhombidodeca
dodecadodecaprism

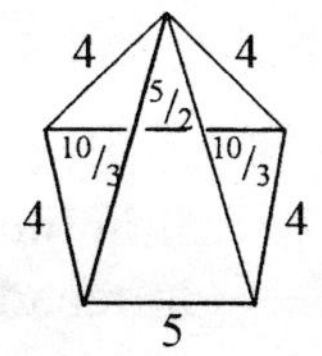


o$^2${5/2’,5,5/2}
Great Hyperquasi-
rhombidodeca-
dodecadodecaprism

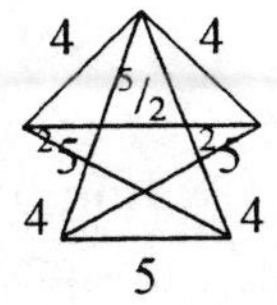


o$^2${5/2’,5,5/2’}
Great Hyperpenta-
quasirhombidodeca
dodecadodecaprism

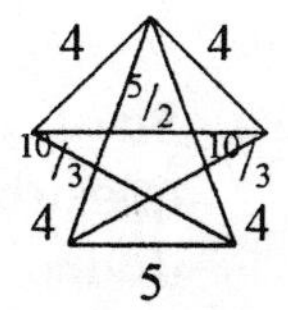


o$^2${5,5/2,5’}
Small Stellated Hyper-
pentarhombidodeca-
dodecadodecaprism

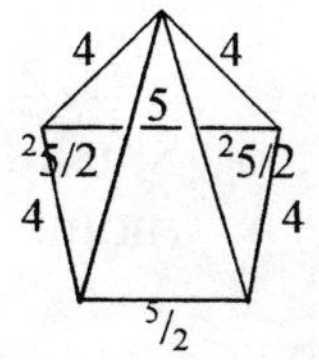


o$^2${5’,5/2,5}
Small Stellated Hyper-
quasirhombidodeca-
dodecadodecaprism

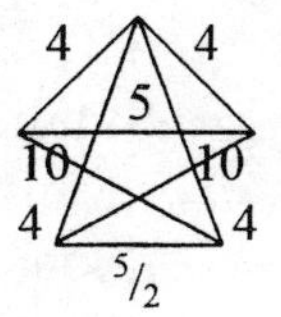


o$^2${5’,5/2,5’}
Small St Hyperpenta-
quasirhombidodeca-
dodecadodecaprism

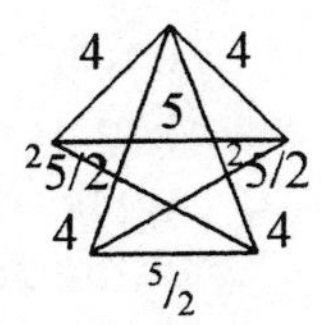


Fig.51: Quasirhombiprism Star Hypersolids

o²{5/2,5,3'}
Small Hypertri-
rhombidodeca
dodecadodecaprism

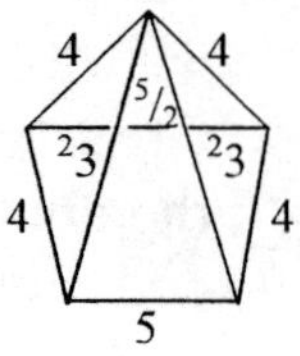


o²{3,5,5/2'}
Great Hyperpenta-
rhombidodec-
icosidodecaprism

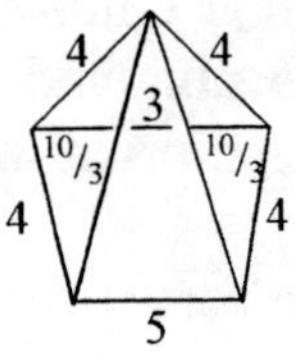


o²{5/2',5,3}
Small Hyperquasi-
rhombidodeca
dodecadodecaprism

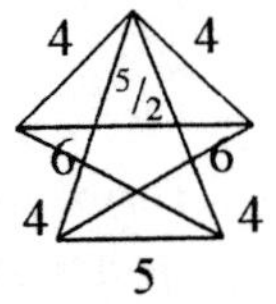


o²{3',5,5/2}
Great Hyperquasi-
rhombidodec-
icosidodecaprism

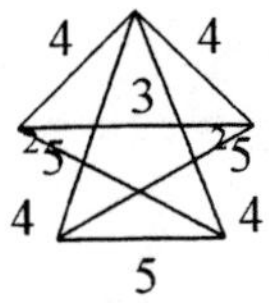


o²{5/2',5,3'}
Small Hypertri-
quasirhombidodeca
dodecadodecaprism

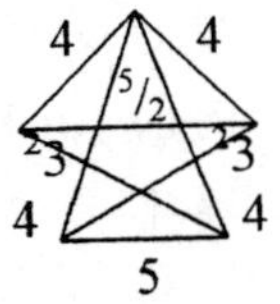


o²{3',5,5/2'}
Great Hyperpenta-
quasirhombidodec-
icosidodecaprism

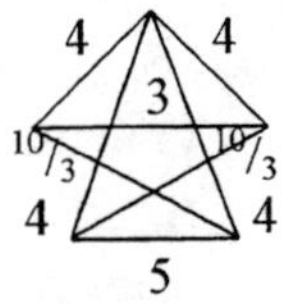


o²{5/2,3,5'}
Small Hyperpenta-
rhombicosi-
dodecicosaprism

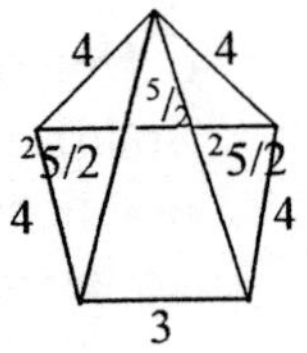


o²{5,3,5/2'}
Great Hyperpenta-
rhombicosi-
dodecicosaprism

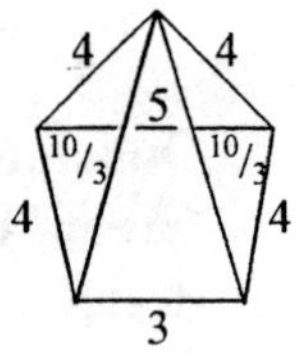


o²{5/2',3,5}
Small Hyperquasi-
rhombicosi-
dodecicosaprism

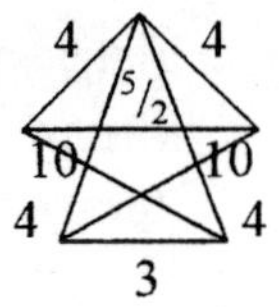


o²{5',3,5/2}
Great Hyperquasi-
rhombicosi-
dodecicosaprism

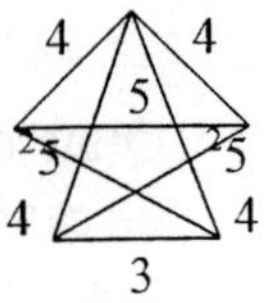


o²{5/2',3,5'}
Small Hyperpenta-
quasirhombicosi-
dodecicosaprism

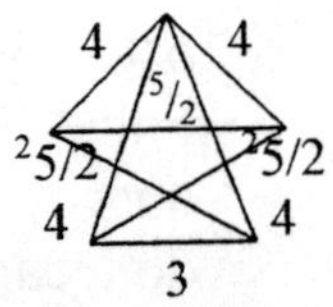


o²{5',3,5/2'}
Great Hyperpenta-
quasirhombicosi-
dodecicosaprism

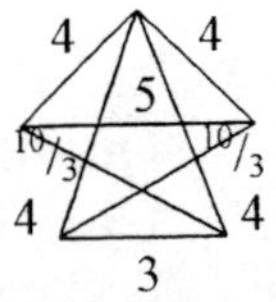


Fig.52: Quasirhombiprism Star Hypersolids

o$^2${5,5/2,3'}
Great Stellated Hyper-
trirhombidodeca-
dodecadodecaprism

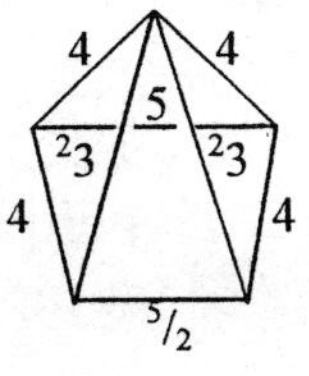


o$^2${3,5/2,5'}
Small Hyperpenta-
rhombidodec-
icosidodecaprism

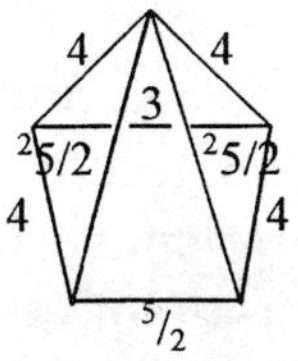


o$^2${5',5/2,3}
Great Stellated Hyper-
quasirhombidodeca-
dodecadodecaprism

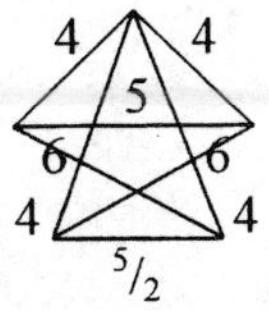


o$^2${3',5/2,5}
Small Hyperquasi-
rhombidodec-
icosidodecaprism

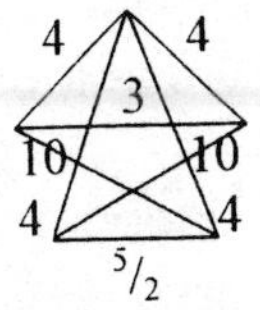


o$^2${5',5/2,3'}
Great Stellated Hyper-
triquasirhombidodeca-
dodecadodecaprism

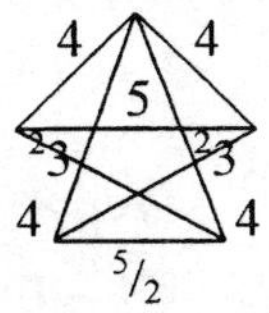


o$^2${3',5/2,5'}
Small Hyperpenta-
quasirhombidodec-
icosidodecaprism

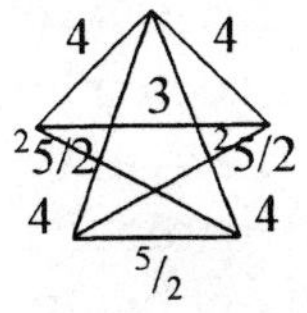


o$^2${5/2,3,3'}
Great Hypertri-
rhombicosi-
dodecatetraprism

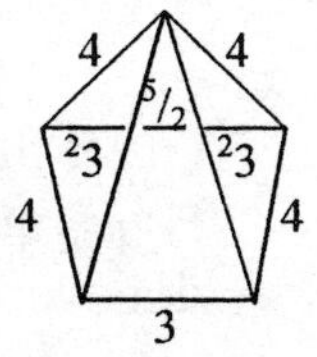


o$^2${3,3,5/2'}
Great Hyperpenta-
rhombicosa-
tetratetraprism

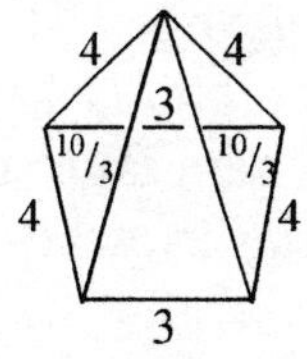


o$^2${5/2',3,3}
Great Hyperquasi-
rhombicosi-
dodecatetraprism

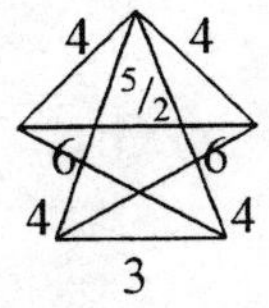


o$^2${3',3,5/2}
Great Hyperquasi-
rhombicosa-
tetratetraprism

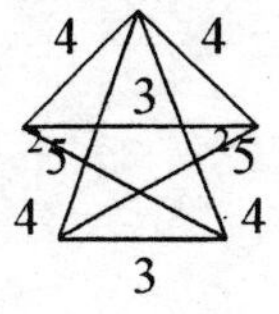


o$^2${5/2',3,3'}
Great Hypertri-
quasirhombicosi-
dodecatetraprism

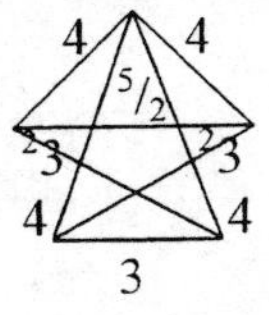


o$^2${3',3,5/2'}
Great Hyperpenta-
quasirhombicosa-
tetratetraprism

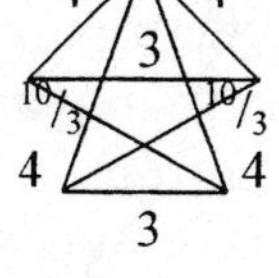


Fig.53: Quasirhombiprism Star Hypersolids

## MORE QUASITRUNCATED ODDS

Finally we come to the third odd star hypersolids. As with the regular third odd hypersolids these consist of only regular solids and prisms, arranged in an antiprism vertex figure. Again within each of these antiprism vertex figure there is a hidden set of 'rhombi' polyhedra, which can be converted to the equivalent 'quasirhombi' polyhedra yielding a further set of 'quasi' hypersolids. The results of doing this are shown adjoining in Figure 54.

An interesting correspondence can be observed amongst all these third odd hypersolids. The vertex figures viewed in plan, as shown, present the two polygonal vertex figures of the parent regular solids connected by a polygon of square {4} faces. If the symmetry family involved is {x,y,z} the parent solids are {x,y} and {z,y} and that polygon is always a truncated {y}.

Thus the vertex figure for $o^3\{x,3,z\}$ presents a hexagon {6} = t{3}, that for $o^3\{x,4,z\}$ an octagon {8} = t{4} and so on. This applies in general to the star hypersolids and all the quasitruncations as follows:

| third odd | polygon | quasi form | polygon |
|---|---|---|---|
| $o^3\{x,3,z\}$ | {6} | $o^3\{x,3',z\}$ | $\{^23\}$ |
| $o^3\{x,4,z\}$ | {8} | $o^3\{x,4',z\}$ | {8/3} |
| $o^3\{x,5,z\}$ | {10} | $o^3\{x,5',z\}$ | $\{^25/2\}$ |
| $o^3\{x,5/2,z\}$ | $\{^25\}$ | $o^3\{x,5/2',z\}$ | {10/3} |

It also applies to the closepacks for which we observed on page 28 that $o^3\{4,3,4\}$ is simply a cubic closepack, whose octahedral vertex figure presents a hexagonal vertex figure in plan. The quasi form $o^3\{4,3',4\}$ accordingly has a double triangular $\{^23\}$ flat vertex figure, representing a multiple coincident cube analogous to the multiple squares of the quasirhombi square tiling.

$o^3\{5/2,5',5/2\}$
Small Stellated Hyperquasidodeca-dodecaprism

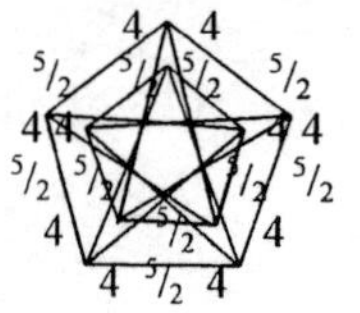

$o^3\{5,5/2',5\}$
Great Hyperquasidodeca-dodecaprism

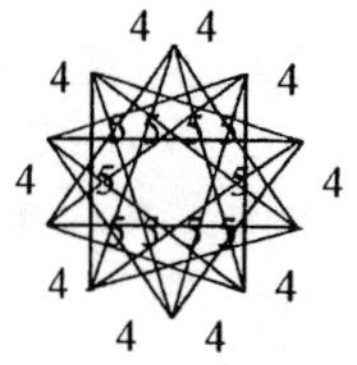

$o^3\{5/2,5',3\}$
$= o^3\{3,5',5/2\}$
Small Stellated Hyperquasidodec-icosaprism

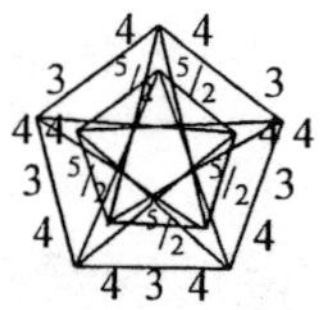

$o^3\{5/2,3',5\}$
$= o^3\{5,3',5/2\}$
Great Stellated Hyperquasidodeca-dodecaprism

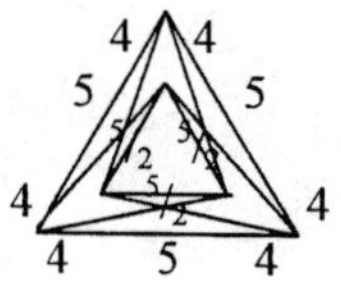

$o^3\{5,5/2',3\}$
$= o^3\{3,5/2',5\}$
Great Hyperquasidodec-icosaprism

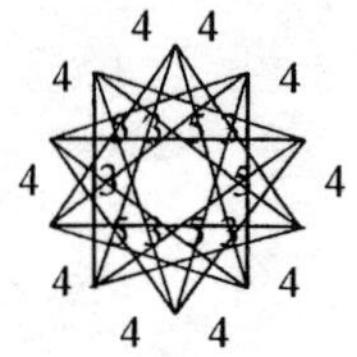

$o^3\{5/2,3',3\}$
$= o^3\{3,3',5/2\}$
Great Stellated Hyperquasidodeca-tetraprism

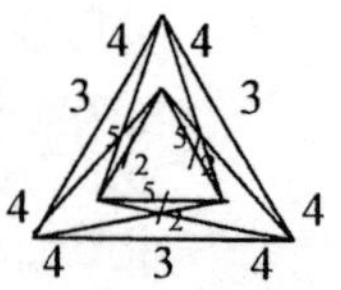

Fig.54: Quasitruncated Third Odd Stars

## INSCRIPTION AND STELLATION

It is a property of the fivefold symmetric star polyhedra that they can be inscribed or made to fit within each another. Two obvious series of such inscriptions emerge: {3,5/2} < {5/2,5} < {5,5/2} < {3,5} and {5/2,3} < {5,3}, the first series with 12 vertices the second with 20. In addition by the reverse of inscription, stellation (s), two further similar relationships can be found: {5,3} < {5/2,5} and {5,5/2} < {5/2,3}.

When these polyhedra are translated into the vertex figures of the fivefold symmetric hypersolids, the first of these series occurs twice over, once using {3} and {5/2} and again using {5} and {3} as the constituent polygons. We thus obtain two series: {3,3,5/2}<{3,5/2,5}<{5/2,5,5/2}<{5/2,3,5} and {5,3,5/2}<{5,5/2,5}<{3,5,5/2}<{3,3,5}.

Combined with the further relationship {5,5/2,3}<{5/2,5,3} and the various duality relationships (d), we obtain the diagram shown below in Figure 55. This effectively links together all twelve of the fivefold symmetric hypersolids.

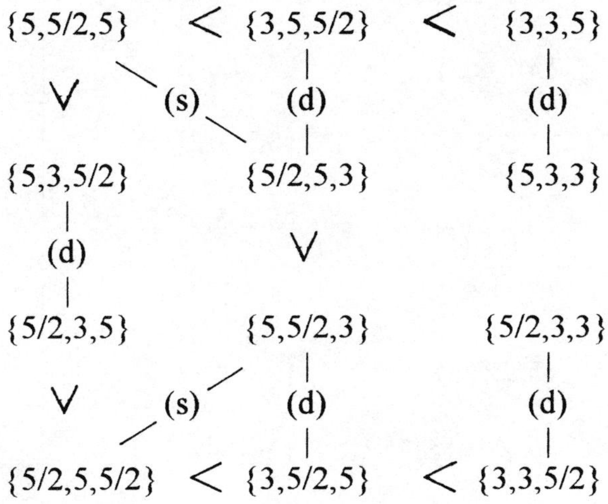


Fig.55: Inscriptions, Stellations and Duals

## MULTIPLE VERTICES

Amongst the first truncations (t or t') of the hypersolids there is usually one with double polygons in the pyramidal vertex figure. In six cases doubling these up produces the vertex figure of one of the parent regular hypersolids, such as the simple icosahedral example shown *. The other six have additional polygon faces forming inscribed polyhedra as shown below in Table 33.

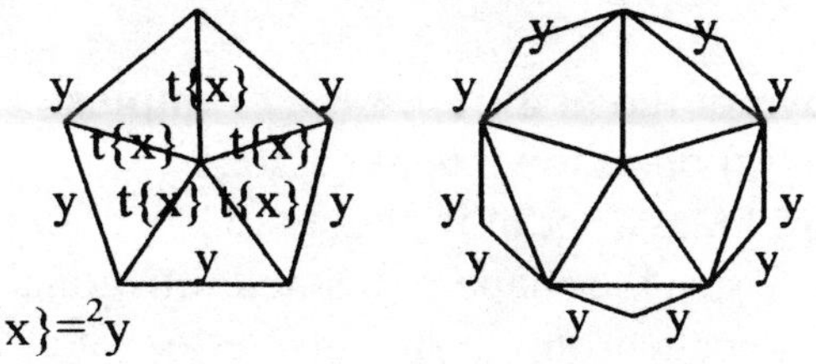


$t\{x\}={}^2y$

* t{x,y,5} → {y,3,5}

truncated regulars

| | truncated | | regulars |
|---|---|---|---|
| * | {3',3,5} | → | {3,3,5} |
| | {5',3,3} | → | {5/2,5,3} + {3,⬡} |
| | {5/2,5,3} | → | {5,3,3} |
| | {3',5,5/2} | → | {3,5,5/2} + {5,5/2,5} |
| * | {5',5/2,5} | → | {5/2,3,5} |
| | {5/2,3,5} | → | {5,5/2,5} + {3,5,5/2} |
| | {5/2,5,5/2} | → | {5,3,5/2} |
| | {5',3,5/2} | → | {5/2,5,5/2}+{3,5/2,5} |
| | {3',3,5/2} | → | {3,3,5/2} |
| | {5/2,3,3} | → | {5,5/2,3} + {3,⬡} |
| | {5',5/2,3} | → | {5/2,3,3} |
| | {3',5/2,5} | → | {3,5/2,5}+{5/2,5,5/2} |

Table 33: Double Polygon Truncations

## THIRD TRUNCATIONS

Double polygons occur in seven versions of the third truncation fivefold symmetric hypersolids, centre of first series ($t^3$). Each has four double polygon faces per tetrahedral vertex figure. Like the first truncations we saw overleaf, these again double up to produce the vertex figures of the parent hypersolids, either singly or in inscribed pairs, as shown below in Table 34.

Like two of the first truncation examples, the central one shown here $t^3${5/2,3',5} * also produces a set of triangles {3} in a vertex figure the shape of a small ditrigonal icosidodecahedron {⬡}. This vertex shell connects to both the {5,5/2,3} and {5/2,5,3} vertices as shown in the diagram below.

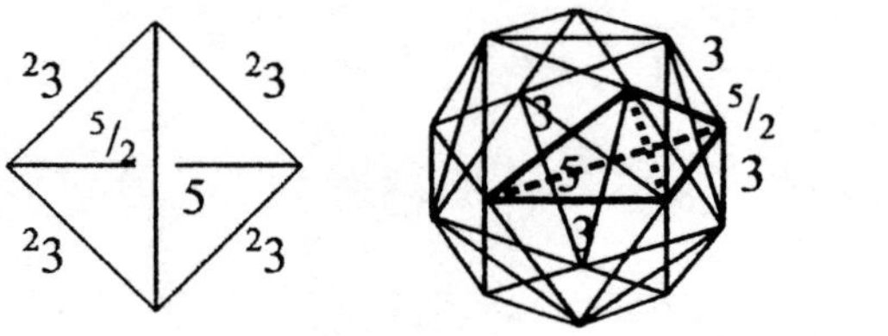


* $t^3${5/2,3',5} → {3, ⬡}

| $t^3$ | | regulars |
|---|---|---|
| {5,5/2,5} | → | {5,3,3} |
| {5/2,5',5/2} | → | {5/2,3,3} |
| {5,5/2,3} | → | {5,3,5/2}+{3,5,5/2} |
| * {5/2,3',5} | → | {5,5/2,3}+{5/2,5,3} +{3, ⬡} |
| {5/2,5',3} | → | {3,5/2,5}+{5/2,3,5} |
| {5,3',3} | → | {5,5/2,5} + {3,3,5} |
| {5/2,3',3} | → | {3,3,5/2}+{5/2,5,5/2} |

Table 34: Third Truncation Doubles

## SECOND SERIES DOUBLES

As mentioned on page 58, the vertex figures of some second series first truncations ($tt^2$) and second series second truncations ($t^2t^2$) are related. The diagram below attached to Table 35 shows this relationship. For the hypersolids with fivefold symmetries, three groups of inter-related hypersolids seem to be emerging.

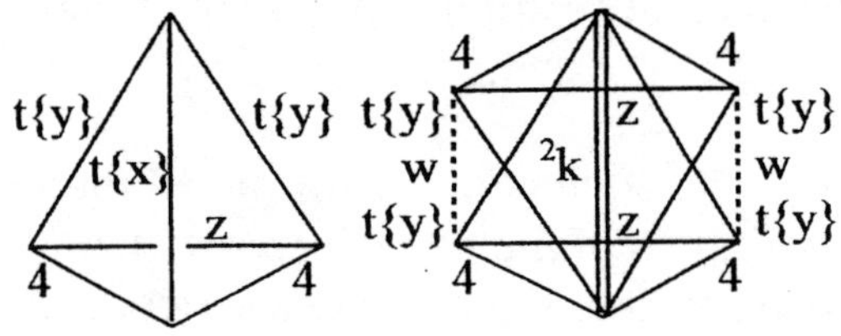


t{x}=²k

$tt^2${x,y,z} → $t^2t^2${k,w,z}

| $tt^2$ | | $t^2t^2$ |
|---|---|---|
| {3',3,5} | → | {3,3,5} |
| {5',3,3} | → | {5/2,5,3} |
| {5/2,5,3} | → | {5,3,3} |
| {3',5,5/2} | → | {3,5,5/2} |
| {5',5/2',5} | → | {5/2',3,5} |
| {5/2,3,5} | → | {5,5/2,5} |
| {5/2,5,5/2} | → | {5,3,5/2} |
| {5',3,5/2} | → | {5/2,5,5/2} |
| {3',3,5/2} | → | {3,3,5/2} |
| {5/2,3,3} | → | {5,5/2,3} |
| {5',5/2',3} | → | {5/2',3,3} |
| {3',5/2',5} | → | {3',5/2,5} |

Table 35: Second Series Doubles

## MORE MULTIPLE VERTICES

The remaining first truncations of the second series ($tt^2$) have two or more 'double polygons' in each vertex figure. Half of these double up to form vertex figures that fit within the vertex figures of one of the third odd hypersolids ($o^3$). This relationship is shown below in Table 36, where four cyclic groups now emerge.

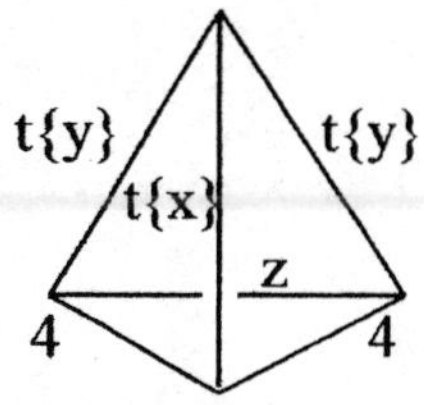


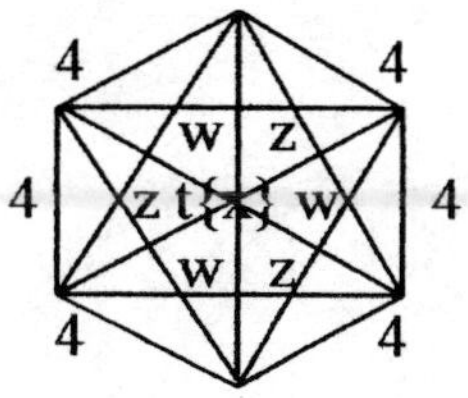


$t\{y\}={}^2z$

* $tt^2\{x,y,z\}$ → $o^3\{z,3,w\}$

The examples shown * have $t\{y\} = {}^2z$, i.e. $tt^2\{x,3',3\}$, $\{x,5',5/2\}$ or $\{x,5/2,5\}$, which leads to $o^3\{z,3,w\}$, where $\{w\}$ is the new face needed to complete the rhombihedron with sides 4,z,4 and diagonals $t\{x\}$. Within the hypersolids with fivefold symmetries, another similar set can be found whose vertex figures fit within the 'quasi' versions of the third odds ($o'^3$) as shown below in Table 37.

Those shown # contain the triangular vertex figures of truncated quasi-regular polyhedra 3' 2 5'|, 5' 2 5/2| or 3' 2 5/2|, which double up repeatedly to form the vertex figure of a small ditrigonal icosidodecahedron (s.d.i.d).

| | $tt^2$ | | $o^3$ | |
|---|---|---|---|---|
| | {3',3',5} | → | {5,5/2,5} | |
| * | {5,5/2,5} | → | {5,3,3} | |
| * | {5,3',3} | → | {3,3,5} | |
| | {5,5/2,3} | → | {3,5,5/2} | |
| * | {3,5',5/2} | → | {5/2,3,5} | |
| | {5/2',3',5} | → | {5,5/2,3} | |
| | {5/2',5',3} | → | {3,5/2,5} | |
| * | {3,5/2,5} | → | {5,3,5/2} | |
| | {5,3',5/2} | → | {5/2,5,3} | |
| | {3,3',5/2} | → | {5/2,5,5/2} | [D] |
| | {5/2,5',5/2} | → | {5/2,3,3} | #[C] |
| * | {5/2,3',3} | → | {3,3,5/2} | #[C] |

Table 36: More Second Series Doubles

| $tt^2$ | | $o'^3$ | |
|---|---|---|---|
| {3,3',5} | → | {5,5/2',5} | [D] |
| {5',5/2,5} | → | {5,3',3} | #[A] |
| {5',3',3} | → | {3,3',5} | #[A] |
| {5',5/2,3} | → | {3,5',5/2} | #[D] |
| {3',5',5/2} | → | {5/2,3',5} | #[B] |
| {5/2,3',5} | → | {5,5/2',3} | #[D] |
| {5/2,5',3} | → | {3,5/2',5} | #[D] |
| {3',5/2,5} | → | {5,3',5/2} | #[B] |
| {5',3',5/2} | → | {5/2,5',3} | #[D] |
| {3',3',5/2} | → | {5/2,5',5/2} | |
| {5/2',5',5/2} | → | {5/2,3',3} | |
| {5/2',3',3} | → | {3,3',5/2} | |

Table 37: More Second Series Doubles

Some of the second odd ($o^2$) hypersolids also have two 'double polygons' in their pyramidal vertex figures, and similarly yield the third odds ($o^3$) as the encompassing vertex figures. Again this works for both the regular and 'quasi' forms as shown below in Tables 38 and 39. These resort to the previous arrangement of three groups, but now these are cyclical too.

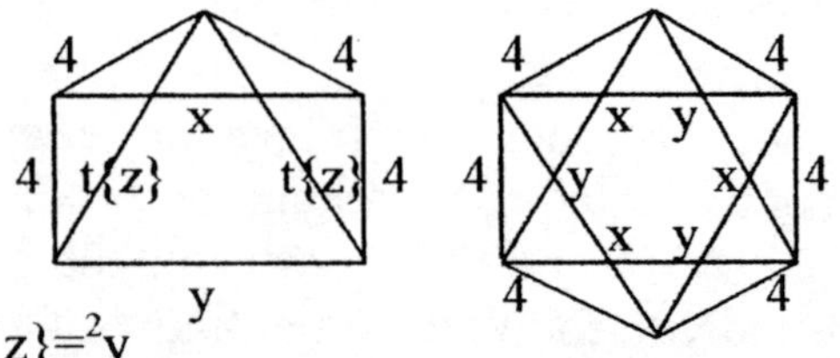


$t\{z\}={}^2y$

** $o^2\{x,y,z\}$ → $o^3\{y,3,x\}$

Those shown # contain the vertex figures of rhombihedra 3' 5 |2, 3 5/2 |2 and 5 5/2' |2.

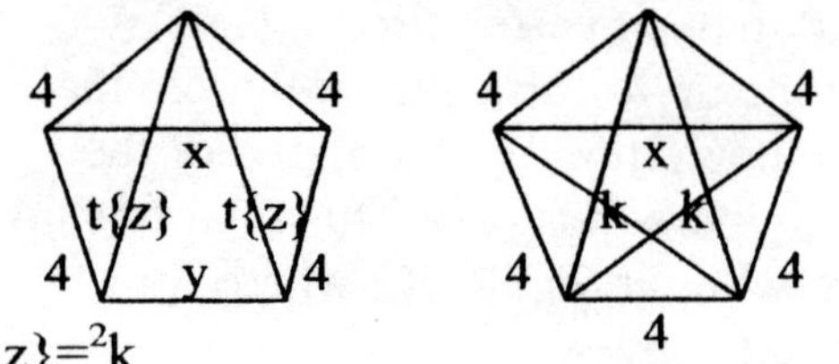


$t\{z\}={}^2k$

* $o^2\{x,y,z\}$ → $o^3\{k,5/2,x\}$

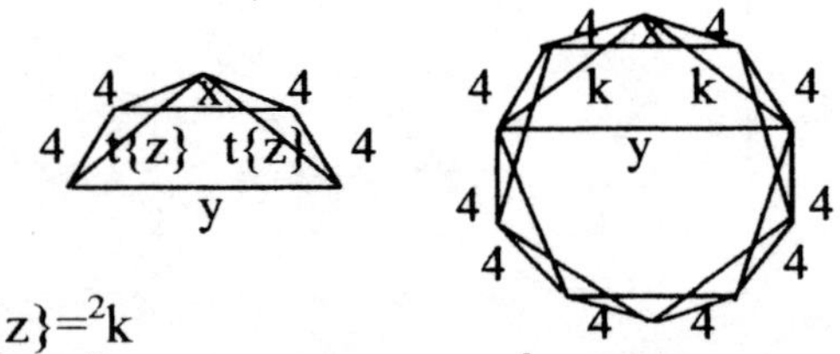


$t\{z\}={}^2k$

*** $o^2\{x,y,z\}$ → $o^3\{k,5,x\}$

| | $o^2$ | | $o^3$ |
|---|---|---|---|
| *** | {3,3,5'} | → | {5/2,5,3} |
| *** | {5/2,5,3'} | → | {3,5,5/2} |
| ** | {3,5,5/2} | → | {5,3,3} |
| ** | {5,3,3'} | → | {3,3,5} |
| ** | {5,5/2,5'} | → | {5/2,3,5} |
| *** | {5/2,3,5'} | → | {5/2,5,5/2} #[D] |
| ** | {5/2,5,5/2} | → | {5,3,5/2} |
| * | {5,3,5/2} | → | {5,5/2,5} |
| * | {3,3,5/2} | → | {5,5/2,3} |
| * | {5,5/2,3'} | → | {3,5/2,5} |
| ** | {3,5/2,5'} | → | {5/2,3,3} #[C] |
| ** | {5/2,3,3'} | → | {3,3,5/2} #[C] |

Table 38: Multiple Vertex Odds

| $o^2$ | | $o'^3$ | |
|---|---|---|---|
| {3',3,5'} | → | {5/2,5',3} | [D] |
| {5/2',5,3'} | → | {3,5',5/2} | #[D] |
| {3',5,5/2} | → | {5,3',3} | #[A] |
| {5',3,3'} | → | {3,3',5} | #[A] |
| {5',5/2,5'} | → | {5/2,3',5} | #[B] |
| {5/2',3,5'} | → | {5/2,5',5/2} | |
| {5/2',5,5/2 | → | {5,3',5/2} | #[B] |
| {5',3,5/2} | → | {5,5/2',5} | #[D] |
| {3',3,5/2} | → | {5,5/2',3} | [D] |
| {5',5/2,3'} | → | {3,5/2',5} | #[D] |
| {3',5/2,5'} | → | {5/2,3',3} | |
| {5/2',3,3'} | → | {3,3',5/2} | |

Table 39: More Multiple Vertex Odds

## MULTIPLE VERTEX FIRST ODDS

Within each group of first odd hypersolids (o), those with a single 'double polygon' face that is part of a prism can be doubled up to form a full vertex figure that fits within a second odd ($o^2$) vertex figure. This is shown in the diagram below attached to Table 40 showing the results of this relationship.

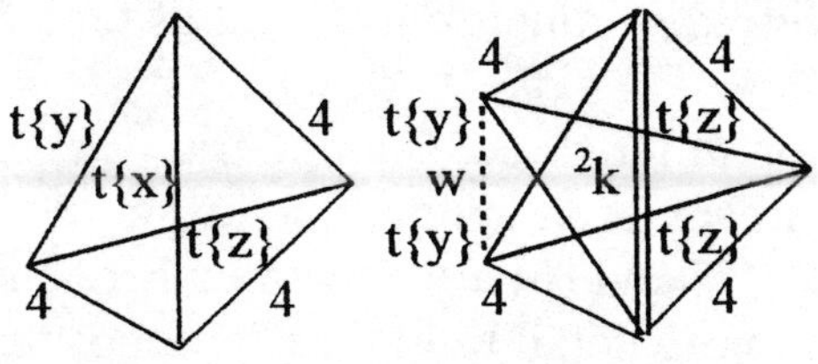


t{x}=²k

| o{x,y,z} | → | o²{k,w,z} |
|---|---|---|
| o | | o² |
| {3',3,5} | → | {3,3,5} |
| {5',3,3} | → | {5/2,5,3} |
| {5/2,5,3} | → | {5,3,3} |
| {3',5,5/2'} | → | {3,5,5/2'} |
| {5',5/2',5} | → | {5/2',3,5} |
| {5/2,3,5} | → | {5,5/2,5} |
| {5/2,5,5/2'} | → | {5,3,5/2'} |
| {5',3,5/2'} | → | {5/2,5,5/2'} |
| {3',3,5/2'} | → | {3,3,5/2'} |
| {5/2,3,3} | → | {5,5/2,3} |
| {5',5/2',3} | → | {5/2',3,3} |
| {3',5/2',5} | → | {3',5/2,5} |

Table 40: Multiple Vertex First Odds

As on p.70, w completes the rhombihedron with 4,t{x},4 as sides and t{y} as diagonals.

The remaining first odd hypersolids with a single 'double polygon' face are only seven in number. If from a self-dual family (x = z) these double up within a second truncation second series ($t^2t^2$) hypersolid as shown below. These have symmetrical triangular prism vertex figures, comprising three rhombihedra, two of which are the same.

Otherwise for the five dual pair symmetry families they produce three asymmetrical triangular prism vertex figures: [1], [2] and [3], as shown below in Table 41 and later illustrated in figure 56. These 'asymmetrics' also comprise three rhombihedra, but no two match to give the symmetry needed for a ($t^2t^2$) hypersolid.

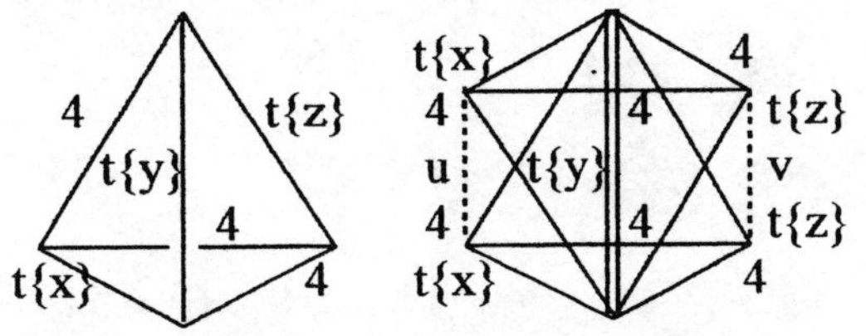


| o | | $t^2t^2$ / asymm |
|---|---|---|
| {5,5/2,5} | → | {5,3,3} |
| {5/2',5',5/2'} | → | {5/2',3,3} |
| {5,5/2,3} | → | [3] |
| {5/2',3',5} | → | [3] |
| {5/2',5',3} | → | [3] |
| {5,3',3} | → | [2] |
| {5/2',3',3} | → | [1] |

Table 41: More Multiple Vertex First Odds

## 'TWO DOUBLES' FIRST ODDS

We now move on to first odd hypersolids (o) with two 'double polygon' faces per vertex figure. If only one is part of a prism, we can double this up to find a second odd ($o^2$) vertex figure, and the other to a ($t^2t^2$) or asymmetric type vertex figure, as shown in Table 42 below.

The process of doubling up from (o) to ($o^2$) or ($t^2t^2$) / asymmetric is essentially the same here as shown overleaf above Tables 40 and 41.

| o | | $o^2 + t^2t^2$ / asymm | |
|---|---|---|---|
| {3,3',5'} | → | {5/2',5,3} | + [2] |
| {5/2',5',3'} | → | {3',5,5/2'} | + [6]# |
| {3,5',5/2} | → | {5',3,3} | + [5] |
| {5,3',3'} | → | {3',3,5} + {5,3,3} | |
| {5,5/2,5'} | → | {5/2,3,5} | + [2] |
| {5/2',3',5'} | → | {5/2',5,5/2'} | + [6]# |
| {5/2',5',5/2} | → | {5',3,5/2'} | + [1] |
| {5,3',5/2} | → | {5',5/2,5} | + [4] |
| {3,3',5/2} | → | {5',5/2,3} | + [1] |
| {5,5/2,3'} | → | {3,5/2,5} | + [4] |
| {3,5/2,5'} | → | {5/2,3,3} | + [5] |
| {5/2',3',3'} | → | {3',3,5/2'}+{5/2',3,3} | |

Table 42: Two Doubles First Odds

Where more than one double polygon occurs in a vertex figure, the resultant ($o^2$) or ($t^2t^2$ / asymmetrical) vertex figures still contain double polygons. Doubling these up in turn will form larger composite vertex figures, much as we found with the closepacks, suggesting that there may be a 'final' all encompassing vertex figure for these fivefold symmetric hypersolids too.

In addition to the three 'asymmetric' vertex figures already seen overleaf, a further three, [4], [5] and [6] are generated here and shown in more detail in Figure 56 opposite.

The remaining first odd hypersolids with two 'double polygon' faces are again only seven in number. In general these have both double faces that are parts of a prism, leading to a pair of second odd ($o^2$) vertex figures. In the self-duals these are the same, whilst for the dual pairs they differ, as shown below in Table 43.

| o | | $o^2 + o^2$ |
|---|---|---|
| {5',5/2',5'} | → | {5/2',3,5'}+{5/2',3,5'} |
| {5/2,5,5/2} | → | {5,3,5/2} + {5,3,5/2} |
| {5',5/2',3'} | → | {5/2',3,3'}+{3',5/2,5'} |
| {5/2,3,5'} | → | {5,5/2,5'}+{5/2,5,5/2} |
| {5/2,5,3'} | → | {5,3,3'} + {3,5,5/2} |
| {5',3,3'} | → | {5/2,5,3'} + {3,3,5'} |
| {5/2,3,3'} | → | {5,5/2,3'} + {3,3,5/2} |

Table 43: More Two Doubles First Odds

## 'THREE DOUBLES' FIRST ODDS

Finally we come to first odd hypersolids (o) where all three truncated faces are 'double polygons'. There are seven of these, one per symmetry family, as shown in Table 44 below.

These are all marked #, since all the ($o^2$) hypersolids involved contain either the triangles or the rhombs that double and redouble to produce the small ditrigonal icosidodecahedron (s.d.i.d) vertex figure within a larger composite.

The four types of larger composite, shown as [A], [B], [C] and [D] in Figure 57 overleaf, interestingly all include the s.d.i.d. as a constituent solid.

| o | | $o^2$ + $o^2$ + $t^2t^2$ / asymm |
|---|---|---|
| {5',5/2,5'} | > | {5/2,3,5'}+{5/2,3,5'} #[D] + {5',3,3} |
| {5/2,5',5/2} | > | {5',3,5/2}+{5',3,5/2} #[D] + {5/2,3,3} |
| {5',5/2,3'} | > | {5/2,3,3'}+{3,5/2,5'} #[C] + [6] |
| {5/2,3',5'} | > | {5',5/2,5'}+{5/2',5,5/2} #[B] + [5] |
| {5/2,5',3'} | > | {5',3,3'}+{3',5,5/2} #[A] + [4] |
| {5',3',3'} | > | {5/2',5,3'}+{3',3,5'} #[D] + {5',3,3} |
| {5/2,3',3'} | > | {5',5/2,3'}+{3',3,5/2} #[D] + {5/2,3,3} |

Table 44: Three Doubles First Odds

from o

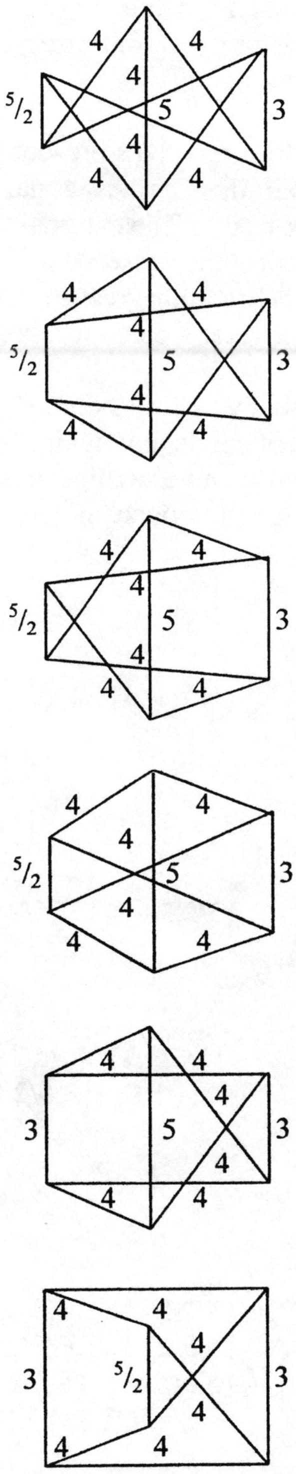


[6] {5/2',5',3'} {5/2',3',5'} {5',5/2,3'}

[5] {3,5',5/2} {3,5/2,5'} {5/2,3',5'}

[4] {5,3',5/2} {5,5/2,3'} {5/2,5',3'}

[3] {5,5/2,3} {5/2',3',5} {5/2',5',3}

[2] {5,3',3} {3,3',5'} {5,5/2,5'}

[1] {5/2',3',3} {3,3',5/2} {5/2',5',5/2}

Fig.56: Six Asymmetrical Vertex Figures

## TOWARDS A FINAL VERTEX?

In [A] four s.d.i.d.s occur at each vertex along with four tetrahedra, whilst in [B] four occur at each vertex with four great stellated dodecahedra.

In [C] there are still four s.d.i.d.s present, but they are hidden in the four hexagonal planes of the vertex figure. The external surface of this indicates the presence at each vertex of four tetrahedra, four great stellated dodecahedra and six great icosidodecahedra

In [D] there are actually twenty s.d.i.d.s present as constituent solids, but again hidden internally within a vertex figure that is a s.d.i.d. itself, seen previously as {3,⬡}.

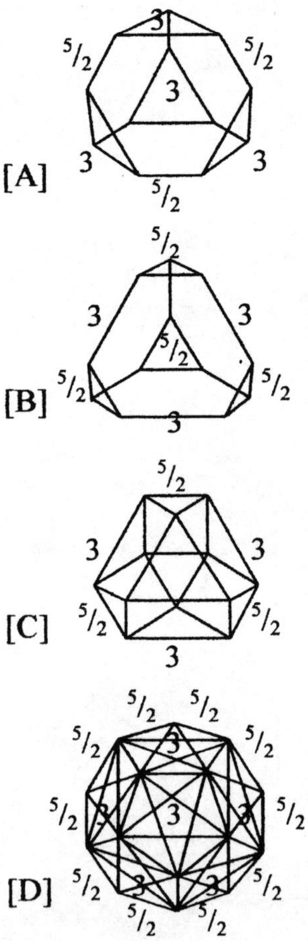

| | from $o^3$ | $o^2$ /asymm |
|---|---|---|
| [A] | {5,3',3} | {5',3,3'} {3',5,5/2} [4] |
| [B] | {5/2,3',5} | {5',5/2,5'} {5/2',5,5/2} [5] |
| [C] | {5/2,3,3} | {5/2,3,3'} {3,5/2,5'} {3',5,5/2'} {5/2',5,5/2'} [6] |
| [D] | {5/2,5',3} {5,5/2',3} {5,5/2',5} 5/2,5,5/2} | {5/2',5,3'} {5',5/2,3'} {5/2,3,5'} {5',3,5/2} |

Fig.57: Four Larger Vertex figures

The question of whether there is a final all encompassing vertex shell for these fivefold symmetric hypersolids is a difficult one.

The small ditrigonal icosidodecahedron [D] or {3, ⬡} looks the most likely to be part of the solution since we saw earlier that it contains the vertex figures of both {5/2,5,3} and {5,5/2,3}. If with some added points it could bring on board their duals {3,5,5/2} and {3,5/2,5}, we can see from Figure 55 that all the other fivefold hypersolids would follow as parts of two inscription series sharing the same vertices.

The polygons {5/2}, {3} and {5} (with their dual edge lengths, as used in the vertex figures, of 0.618, 1.000 and 1.618 in golden section geometric series) figure largely in this vertex figure [D]. {4} and {6} also appear, but we have to go to [A] to find a {10} and [C] to find a {10/3}.

Interestingly five cubes, each representing a {3,4,3}, can be found nestled within [D]. Taking the fourfold symmetric vertices [A], [B] and [C], and considering them five times over does produce some similar numbers of constituent solids to [D], i.e. twenty small ditrigonal icosidodecahedra and twenty tetrahedra. However these larger composite vertices [A, B, C or D] do not sit comfortably with one another.

The three groupings of hypersolids indicated by most of the tables preceding, might mean there are in fact three separate 'final vertices'. But then Tables 36 and 37 on page 71 have four such groupings that effectively mix them all back together.

Perhaps such a 'final vertex' containing all the others is only a useful concept in the closepacks.

## IS THIS THE END?

Starting with the six regular hypersolids and ten star hypersolids, we have derived truncation series and odd versions for each symmetry family in turn, all along the same lines as those found for the closepacks in the last volume of this series. We have however reached the boundaries of what we can sensibly illustrate.

Without illustration, we have also predicted the vertex figures of hopefully all possible quasitruncations and allied 'quasirhombi' forms. All of these have thrown up nothing other than the polyhedra described in the earlier volumes; nothing more, nothing less, which is quite reassuring.

Whilst we have looked at the double polygon vertices of the fivefold symmetric hypersolids in some detail, we seem to have overlooked those for the simpler fourfold symmetries, which follow very similar lines.

These in fact present us with cases that involve the double square $\{^2 4\}$, the truncation of the cross polygon {4/2}. We saw polyhedra of the {4,4/2}-{4/2,4} symmetry family in the fourth volume of this series '*The Star & Cross Polyhedra*' and will next investigate their inclusion amongst both the closepacks and the hypersolids. Accordingly the next volume in this series will consider these 'crosspacks' and 'cross hypersolids', with some interesting results. So this is not the end!

Before we go however, we will take a short excursion into another area of hyperspace to see what lies there....

## HYPERBLOT: A DIVERSION

It is sometimes said that the outline of the Mandelbrot set, M, is the most complex shape known to man.

In the two dimensions of the complex plane ($z = x + iy : i^2 = -1$) it represents the set of starting points $\{z_1\}$ which when repeatedly iterated $z_{n+1} = z_n^{\ 2} + z_1$, do not tend to infinity.

In a similar way that two dimensional geometry can be represented by operations in the complex plane, our four dimensional world of hyperspace can be represented by a system of 'quaternions':

$$V = (w) + (ix + jy + kz).$$

In this system a hypercube of edge length 2 centred at the origin will have sixteen ($2^4$) vertices represented by $(\pm 1) + (\pm i \pm j \pm k)$, much the same as a square's vertices in the complex plane, which are $(\pm 1) + (\pm i)$.

In general quaternions consist of a scalar part w and a vector part $v = ix + jy + kz$ such that $i^2 = j^2 = k^2 = -1$ and $ij = k$, $jk = i$ and $ki = j$.

The rule for 'multiplying' two quaternions is $V_1V_2 = (w_1w_2 - v_1.v_2) + (w_1v_2 + w_2v_1 + v_{1x}v_2)$, where $v_1.v_2$ and $v_{1x}v_2$ are the vector dot product (a scalar) and vector cross product (a vector) respectively.

Thus to square a quaternion we get $VV = (ww - v.v) + (wv + wv + v_xv)$, or more simply $V^2 = (w^2 - v.v) + (2wv + v_xv)$. But $v.v = |v|^2 = x^2 + y^2 + z^2$ and $v_xv = 0$, so $V^2 = (w^2 - x^2 - y^2 - z^2 ) + 2w(xi + yj + zk)$.

If we use this as a basis for the iteration of quaternions $V_{n+1} = V_n^{\ 2} + V_1$, an interesting form emerges containing the set of points $\{V_1\}$ which do not go off to infinity.

The difficulty here is visualising this beast which now arises. With the hypercube mentioned above, setting any pair of w, x, y or z to zero leaves us simply with a square, a two dimensional section. Similarly setting just one of w, x, y or z to zero produces a cube as a sort of three dimensional section.

So with our 'hyperblot' setting any pair of our directions to zero chosen from x, y or z leaves us with one imaginary and one real dimension (e.g. $x = y = 0 : V = (w) + (kz)$). The iteration stays within the remaining plane and produces M, the Mandelbrot set, as a two dimensional section (see Fig. 58).

If the pair eliminated includes our real axis (e.g. $w = z = 0 : V = (ix + jy)$), the iteration straight away adds back in a real value w. The two dimensional section here is a series of concentric circles, infinite but necessarily odd in number, as we end up outside the set eventually. These circles are centred at the origin and range in radius from $\frac{1}{4}\sqrt{(3 + 2\sqrt{3})}$ where the basic cardioid of M is crossed by the imaginary axis, up to a final value near 1 where the iteration escapes to infinity.

If we similarly try for a three dimensional section, setting any one of x, y or z to zero, the iteration stays in the same three-space and produces what is essentially a solid of rotation of the Mandelbrot set symmetrical about the real axis.

If we set w to zero and try to eliminate the real axis, again the iteration reintroduces it. Here the three dimensional 'section' is a set of concentric spheres of the same radii as the circles mentioned above. Starting at the origin, again one first leaves the set at radius $\frac{1}{4}\sqrt{(3 + 2\sqrt{3})}$ and then one goes in and out of the set an infinite number of times before finally entering the area of escaping iteration.

So we seem to have here with our 'hyperblot' a four dimensional analogue of the Mandelbrot set. Three out of six of its two dimensional sections present us with M, the Mandelbrot set itself, whilst three out of four of its three dimensional sections are the solid of rotation of M about the real axis.

It is impossible to illustrate such a beast without the aid of complex computer graphics, so the author will leave this as a challenge to a brighter spark. However to help visualise this Hyperblot in some way, Figure 58 below shows the Mandelbrot set, albeit unusually with the real axis vertical. This shows fairly minimal detail; but the problem here is that the closer you look at the boundary the more you find, detail is laid on detail on detail to infinity.

A question now arises: this 'hyperblot' will undoubtedly represent a set of co-ordinates where the corresponding four dimensional quaternion 'Julia' sets are connected and their enclosed 'Keep' sets include 0. Their two dimensional sections have rotational symmetry, so what shape are they in four?

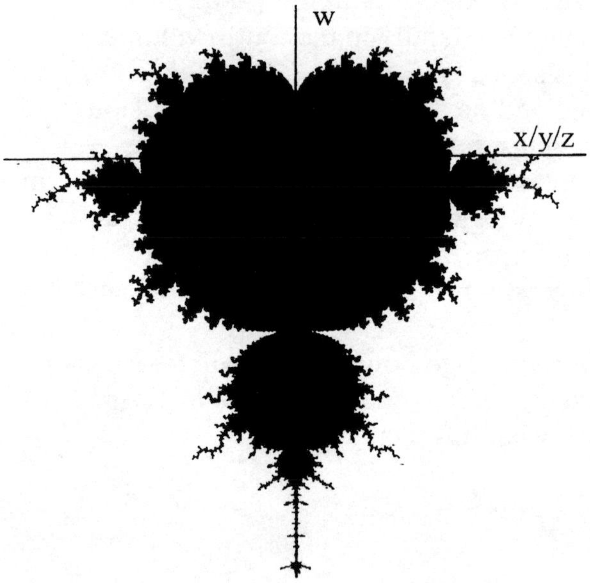


Fig.58: The Mandelbrot Set as Section

BIBLIOGRAPHY


Abbott, E A 1962
*Flatland*
Blackwell

Banchoff, T F 1990
*Beyond the Third Dimension*
Scientific American Library

Coxeter, Longuet-Higgins & Miller 1953
*Uniform Polyhedra*
Phil. Trans. R. Soc. Lond. A246, p401

Coxeter, H S M 1963
*Regular Polytopes*
Macmillan

Coxeter, H S M 1991
*Regular Complex Polytopes*
Cambridge UP

Critchlow, K 1969
*Order in Space*
Thames & Hudson

Cromwell, P R 1997
*Polyhedra*
Cambridge UP

Hinton, C H (Rucker R ed) 1980
*Speculations on the Fourth Dimension*
Dover

Holden, A 1971
*Shapes, Space and Symmetry*
Columbia UP

Manning, H P (ed) 1921
*The Fourth Dimension Simply Explained* Methuen

Robbin, T 1992
*Fourfield: Computers, Art and the 4th Dimension* Bulfinch Press

Rucker, R 1977
*Geometry, Relativity and the Fourth Dimension* Dover

Rucker, R 1985
*The Fourth Dimension*
Penguin

Skilling, J 1974
*The Complete Set of Uniform Polyhedra*
Phil. Trans. R. Soc. Lond. A278, p111

Taylor, P 1995
*Additions to the Uniform Polyhedra*
Nattygrafix

Taylor, P 1997
*The Complete? Polygon*
Nattygrafix

Taylor, P 1998
*Incomplete Tilings*
Nattygrafix

Taylor, P 1999
*The Simpler? Polyhedra*
Nattygrafix

Taylor, P 2000
*The Star & Cross Polyhedra*
Nattygrafix

Taylor, P 2004
*Closepacks & Quasi-Closepacks*
Nattygrafix

Wenninger, M J 1971
*Polyhedron Models*
Cambridge UP

Weyl, H 1952
*Symmetry*
Princeton UP

ALSO PUBLISHED BY NATTYGRAFIX:

INCOMPLETE TILINGS
by Patrick Taylor 1998

being the second part of several comprising
the complete? polyhedra

presents the tilings as assemblies of
polygons that fill the plane; includes
truncations, snub tilings, quasitruncations;
investigating in total four uniform and seven
compound symmetry families using regular,
star, cross, compound and double polygons

76pp A4 paperback including
80 line drawings

ISBN 0 9516701 3 1 £6.00

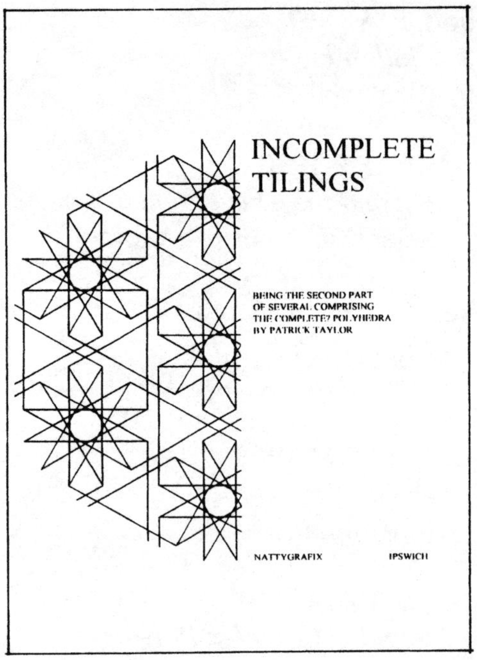


CLOSEPACKS & QUASI-CLOSEPACKS
by Patrick Taylor 2004

being the fifth part of several comprising
the complete? polyhedra

presents the closepacks as assemblies of
polyhedra that fill three dimensions;
includes truncations and quasitruncations;
investigating fully the {4,3,4} symmetry
family, using the regular polyhedra of the
{3,3} and {3,4}-{4,3} symmetry families

72pp A4 paperback including over
86 line drawings

ISBN 0 9516701 6 6 £6.00

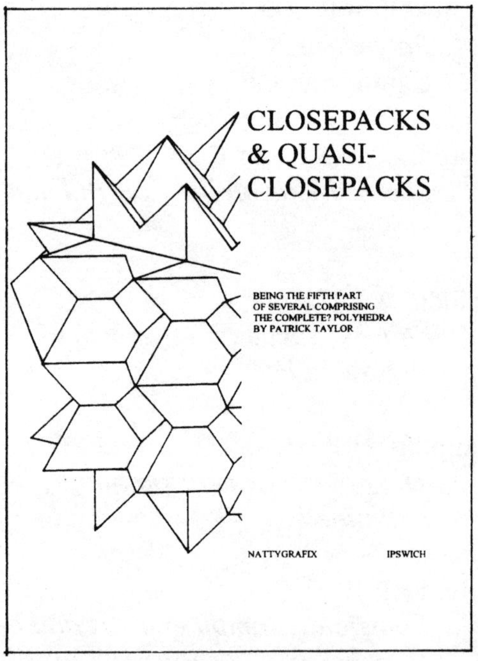